博碩文化

超實用！ 人 資 ・ 行 政 ・ 總 務 的

辦公室 Excel 365
省時高手必備 50 招 第4版

圖文步驟說明＋關鍵技巧提示
＝掌握方法與應用

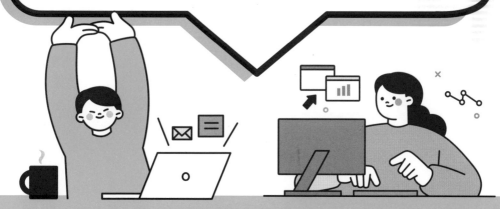

專為職場人員設計的超好用範例！
快速簡便，立即就能用！完成工作不費力！

從行政庶務到人事考核，
Excel 功能表單一本學會！

張雯燕 著

輸入　編輯　儲存格設定　圖表和圖像　表格　公式　函數　統計　資料篩選　樞紐分析

作　者：張雯燕 著
責任編輯：Cathy

董 事 長：曾梓翔
總 編 輯：陳錦輝

出　　版：博碩文化股份有限公司
地　　址：221 新北市汐止區新台五路一段 112 號 10 樓 A 棟
　　　　　電話 (02) 2696-2869　傳真 (02) 2696-2867

發　　行：博碩文化股份有限公司
郵撥帳號：17484299　戶名：博碩文化股份有限公司
博碩網站：http://www.drmaster.com.tw
讀者服務信箱：dr26962869@gmail.com
訂購服務專線：(02) 2696-2869 分機 238、519
（週一至週五 09:30 ～ 12:00；13:30 ～ 17:00）

版　　次：2024 年 9 月四版

建議零售價：新台幣 420 元
I S B N：978-626-333-976-7
律師顧問：鳴權法律事務所 陳曉鳴律師

國家圖書館出版品預行編目資料

超實用！人資．行政．總務的辦公室 EXCEL
　　365 省時高手必備 50 招 / 張雯燕作 . -- 四
　　版 . -- 新北市：博碩文化股份有限公司，
　　2024.09
　　面；　公分

ISBN 978-626-333-976-7(平裝)

1.CST: EXCEL(電腦程式)

312.49E9　　　　　　　　　　　113014456

Printed in Taiwan

博 碩 粉 絲 團　歡迎團體訂購，另有優惠，請洽服務專線
　　　　　　　　(02) 2696-2869 分機 238、519

序

Excel 真的是生活和工作上的好幫手，近期筆者十分熱衷社區的公眾事務，以往舉凡社區關懷據點的老人的出席和血壓紀錄、守望相助巡守隊誤餐費的計算、社區旅遊保險名冊管理…等，都用最原始的方法記錄著。自從熱心參與其中後，陸續將這些資料使用 Excel 管理，剛開始的確是要花更多的時間重新整理，但資料檔建立完成後，省時有效率就是最大的好處，可以花更多的時間設計新的活動內容，增進社區居民的情感。

社區之中也不乏有行政工作出身的志工，也都接觸使用過 Excel 這套軟體，但是卻沒有想過可以將它應用在社區行政工作上，無非是想像力不夠。基礎的操作大家都會使用，只是要將多項基礎操作結合起來，整合成功能較強大的檔案內容，剛開始都會覺得沒有必要，一旦資料檔建立完成，功能整合完成，才又覺得原來可以這麼簡單，只要多花一點時間和耐心，就可以節省更多的時間，行政工作也不再繁雜而毫無效率。

但是這讓我想起曾經短暫任職過的一位公司老闆，他本身就是Excel 高手，交付給我的財務檔案也是他精心設計過的，內容讓我十分佩服，但是當我要把手邊行政工作的檔案整合起來的時候，他卻叫我不要花那些時間，理由是要找到會使用的人不多，還是用最簡單、原始的方式，以後比較好交接。

這個論點不是我第一次遇到，曾經有一個同辦公室的學妹這樣告訴我，學姊經手的檔案沒幾個人會使用，以後你會很難離職，交接期間一定會嚇跑新人。但是會計行政工作的職務本來就是很容易被取代，嚇跑幾個新人或許也可以自我安慰一番。

所以還是要鼓勵想要或已經購買這本書的讀者，Excel 真的不難，難的是發揮想像力和創造力，在職場中看到高手前輩的檔案，千萬要見獵心喜，趕快複製下來，仔細研究其中的奧妙，然後再想想自己經手的工作，可否拿來運用或改進，如此才能讓自己的功力快速提升。希望大家學業和事業，都能（試試）順心！

張雯燕

目錄

4　人事資料系統

5　出勤管理系統

6　業績計算系統

7 人事考核系統

8 薪資管理系統

A 探索 Office 365 的翻譯能力

線上資源下載

範例檔下載：
https://www.drmaster.com.tw/bookinfo.asp?BookID=MI22407
下載後執行解壓縮，密碼為 drmaster-MI22407

0

Excel 365
工作環境最佳化

壹 簡介

　　Excel 是 Office 家族系列中，最基礎也是不可或缺的一員，不管是哪一個版本都可以看到它的蹤影，與 Word（文書處理）、PowerPoint（簡報製作）可謂 Office 三劍客。

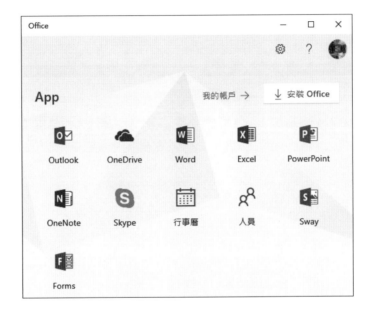

　　Excel 是常用的商業試算表軟體，透過它可以進行資料整合、統計分析、排序篩選以及圖表建立等功能。不論在商業應用上得到專業的肯定，甚至在日常生活、學校課業也處處可見。基本上，Excel 具備以下三種基本功能：

電子試算表

　　具有建立工作表、資料編輯、運算處理、檔案存取管理及工作表列印等基本功能。

統計圖表

　　能夠依照工作表的資料，進行繪製各種統計圖表，如直線圖、立體圖或圓形圖等分析圖表，並可透過附加的圖形物件妝點工作表，使圖表更加出色。

資料分析

　　依照建立的資料清單，進行資料排序的工作，並將符合條件的資料，加以篩選或進行樞紐分析等資料庫管理操作。

貳 **Excel 365 工作環境**

Office 軟體間都有相同模式的使用介面，讓人一眼就可以看出是同一家族成員，大致上可分成功能區、工作表編輯區和狀態列三大區塊。

一、功能區

功能區中又可以細分成「標題列」、「索引標籤」和群組式的「功能按鈕」。

標題列
···············

　　標題列中央主要顯示檔案名稱和軟體名稱。右邊有 4 個常用的按鈕，由右至左分別代表▢「關閉視窗」、▢「往下還原」、▬「最小化」和▢「功能區顯示選項」等功能，還有登入 Microsoft 帳號的「登入」鈕。

　　按下▢「功能區顯示選項」鈕，可選擇功能區的範圍大小，預設的樣式為「顯示索引標籤和命令」。配合使用習慣，選擇適當的功能區顯示選項，可適度增加試算表編輯區的範圍。

　　標題列左邊則是快速存取工具列，設有常用的功能鈕，預設的功能鈕由左而右依序為「自動儲存開關」、「儲存檔案」、「復原」及「取消復原」。

　　「自動儲存開關」是為了配合檔案儲存在雲端時所設定，當自動儲存開啟時，會要求立即登入 Microsoft 帳號，而右邊的「儲存檔案」功能鈕會自動變成「更新與儲存檔案」。按下﹀鈕還可顯示更多被隱藏起來的快速功能鈕，若勾選清單內的功能鈕，則可選定於快速存取工具列。

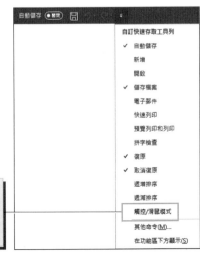

依據硬體設備不同，還有「觸控 / 滑鼠模式」，讓不同裝置的使用者有更人性化的操作體驗

索引標籤

索引標籤主要用來區分不同的核心工作，例如「常用」、「插入」、「公式」…等，依照不同的軟體會有不同主題的功能索引標籤。

【頁面配置】功能索引標籤

除了固定式的索引標籤外，還會因應特定的功能，提供進階的工具索引標籤，如「繪圖工具」、「圖片工具」、「SmartArt 工具」…等，只有選取到該物件才會顯示。

【繪圖工具】功能索引標籤

群組式功能鈕

而位於索引標籤下方的群組式功能鈕，則會依照不同的功能索引標籤，顯示對應的功能鈕。所謂群組式是將相同性質的功能放置在同一個區塊，若區塊右下角有顯示 符號，則表示可以開啟相對應的對話方塊或工作窗格。

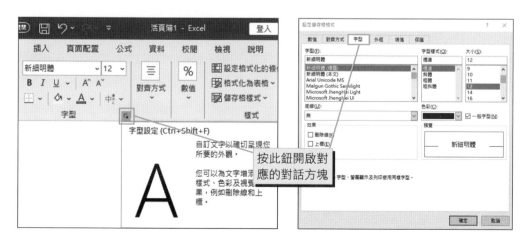

二、工作表編輯區

工作表是由「直欄」與「橫列」交錯所產生的「儲存格」組成。Excel 將檔案稱之為「活頁簿」，每個活頁簿檔案中可以容納許多工作表，可利用視窗下方的工作表標籤，用滑鼠點選的方式進行切換。

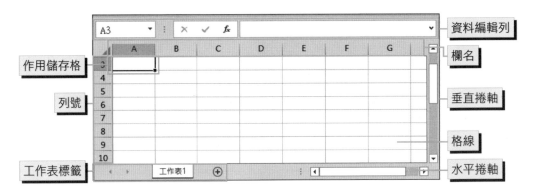

資料編輯列

資料編輯列左方的「名稱方塊」，用來顯示作用儲存格的位址、定義的範圍名稱，或是被選取的儲存格範圍。中央有三個常用的指令按鈕，分別是 ✕「取消」、*fx*「輸入」及 *fx*「插入函數」，當作用儲存格處於編輯狀態時，這三個按鈕才有功用。而右方的資料編輯列則會顯示作用儲存格中的文字、數值或公式。

儲存格

工作表中最基本的工作單位，當輸入或執行運算時，每個「儲存格」都可視為個別的獨立單位。「欄名」是依據英文字母順序命名，「列號」則以數字來排列，欄與列交叉的定位點則稱為「儲存格位址」或「儲存格參照」，例如 B3（第三列 B 欄）、E10（第十列 E 欄）等。選取儲存格可利用滑鼠直接點選，或者使用鍵盤方向鍵切換，被選取的儲存格則稱為「作用儲存格」。

三、狀態列

位於活頁簿最下方，除了顯示編輯資訊外，還可以顯示和錄製巨集、切換活頁簿檢視模式和顯示比例。正在輸入或修改資料時，狀態列上會顯示「輸入」或「編輯」字樣，當資料內容鍵入完畢，狀態列上的字樣也會轉變為「就緒」。

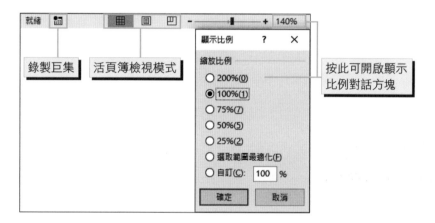

叁　Excel 基本操作

正式使用 Excel 編輯之前，先介紹一些基本操作的方法。

一、儲存格使用技巧

要在 Excel 儲存格開始輸入資料前，必須先以滑鼠點選儲存格，使其成為「作用儲存格」，然後直接使用鍵盤輸入資料即可。

儲存格移動方式

輸入鍵	儲存格方式
Enter 鍵	往下移動一格
Tab 鍵	往右移動一格
Shift 鍵與 Tab 鍵	往左移動一格
方向鍵「↑」、「↓」、「←」、「→」	移動到上下左右各一格的位置
Shift 鍵與 Enter 鍵	往上移動一格

編修儲存格資料

如果整個儲存格內容需要修改，只要重新選取要修改的儲存格，直接輸入新資料，再按下 Enter 鍵就可以取代原來內容。

如果需要保留原有的內容或僅作部分的修改，則先選取該儲存格後，快按滑鼠左鍵兩下，或在「資料編輯列」中產生游標插入點，隨後移動插入點的位置來新增文字。別忘記使用 Backspace 鍵可刪除插入點左邊的字元、Delete 鍵可刪除插入點右邊的字元、方向鍵可移動插入點等。

加入編輯插入點

儲存格選取功能

　　工作表中的儲存格可以藉由不同的「選取」方法，同時選取單一或多個儲存格成為「作用範圍」，以方便同時進行編輯。針對這些儲存格進行相同的編輯動作時，事先選取的儲存格「作用範圍」會呈反白狀，常用的選取方法有以下五種：

作用範圍	操作說明
單一選取範圍	如果是單一儲存格，則直接以滑鼠點選即可。或者是類似矩形區域的相鄰儲存格，先選取第一個儲存格，再按 Shift 鍵來選取此相鄰區域的最後一個儲存格
多重選取範圍	當作用範圍不是相鄰區域時，稱為「多重範圍」，這時可按住 Ctrl 鍵來一一選取
全欄選取	按滑鼠左鍵，在欄號上拖曳選取
全列選取	按滑鼠左鍵，在列號上拖曳選取
工作表選取	以滑鼠按下工作表左上方的「全選鈕」

二、儲存格資料格式

　　每個儲存格的資料，Excel 都會給予一種「資料格式」，不同的「資料格式」在儲存格上會有不同的表現方式。如果使用者沒有特別指定，Excel 會自行判斷資料內容的格式，給予應有的呈現方式。不過使用者可以透過手動的方式來修改儲存格的資料格式。通常儲存格中能夠輸入的資料型態區分為「常數」與「公式」兩種。

常數輸入方式

　　常數型態的資料內容輸入後，就不會再改變，其中又包含有文字、數值及日期三種基本資料型態：

資料型態	功能說明	注意事項
文字	首先以滑鼠選取儲存格，然後輸入中 / 英文內容即可	預設為靠左對齊，如果在儲存格中輸入阿拉伯數字（如 123），則會當成數值，要當成文字必須加上「'」符號（如 '123）

資料型態	功能說明	注意事項
數值	輸入方式與文字資料相同，不過當數值過大時，系統會自動以「科學記號法」來表示，如果儲存格的欄寬不足，在儲存格中會以連續的「#」符號來表示	預設為靠右對齊，尤其分數資料與日期資料相似，為了區別起見，在輸入分數時，左邊一定要補齊數字。例如「1/2」，要輸入為「0 1/2」，否則會成為日期資料「1月2日」
日期／時間	當在儲存格上輸入日期／時間資料的方法時，要特別注意所使用的格式，如果不依照格式輸入，那麼輸入的資料將被視為文字型態	預設為靠右對齊，也是屬於數值資料，彼此間也可做運算

儲存格參照位址

Excel 工作表中，每個儲存格都有「獨一無二」的儲存格位置，是由工作表中「欄名＋列號」的方式組合而成的。儲存格參照位址又可區分為以下三種：

儲存格位址類型	內容說明
相對參照位址	公式中所使用的儲存格位址，會因為公式所在位置不同而有相對性的變更，表示法如「B3」
絕對參照位址	公式內的儲存格位址不會因為儲存格位置的改變而變更位址，例如經過公式複製後，仍指向同一位址的儲存格。表示法是在相對參照位址前加上「$」符號，如「$B$3」
混合參照位址	綜合上述兩種表示方式，我們可混合使用。也就是當僅需固定某欄參照，而列必需改變參照，或是僅需固定某列參照，而欄必需改變參照時。表示方式如「$B3」或「B$3」

公式與函數

在 Excel 中可利用公式來幫我們進行數據的運算，Excel 的公式形式可以分為以下三種：

公式形式	功能說明	範例說明
數學公式	這種公式是由數學運算子、數值及儲存格位址組成	=C1*C2/D1*0.5

公式形式	功能說明	範例說明
文字連結公式	公式中要加上文字，必須以兩個雙引號（ " ）將文字括起來，而文字中的內容互相連結，則使用（ & ）符號	=" 平均分數 "&A1
比較公式	是由儲存格位址、數值或公式兩相比較的結果	=D1>=SUM(A1:A2)

　　而「函數」就是 Excel 中預先定義好的公式，除了能夠簡化複雜的公式運算內容外，使用者也能夠更清楚儲存格內容所代表的意義。Excel 的內建函數共可分為九類，有財務、日期和時間、數學與三角函數、統計、查閱與參照、資料庫、文字、邏輯、資訊。函數的基本格式如下：

= 函數名稱（ 引數 1, 引數 2…, 引數 N)

TIPS 所謂「引數」是指要傳入函數中進行運算的內容，可以是參照位址、儲存範圍、文字、數值、其他函數等。例如 =SUM(B3:E3)，其中 B3、E3 則稱為引數。一般函數中的引數個數最多可達 30 個，如果函數中沒有引數，也一定要有小括號存在。

肆　Excel 365 功能的變動

　　Excel 365 的變化真的是微小到讓人不知不覺，有些功能消失或新增都顯得無關緊要，就像「函數程式庫」功能區變成「函數庫」功能區，這類名詞的變化雖然不少，但真的都不至於影響操作，也要歸咎於是它的變動不是一次性的，就像溫水煮青蛙一樣，一點一滴慢慢改變，真的不容易讓人察覺。

一、註解變附註

　　Excel 365 的註解功能是一個全新的功能，雖然和以前的長得很像，但是與其他版本完全不相容。為了解決相容性的問題，所以保留原來的註解功能，只是將名稱改成「附註」，委身在「註解」功能旁邊。

【註解功能區】

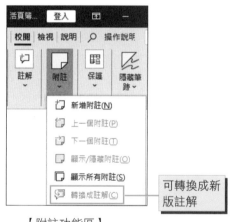

【附註功能區】

　　如果開啟舊版的功能，可以利用「附註」功能區中的「轉換成註解」指令，變更成新版的註解，至於兩者之間的好壞差異，全是見仁見智的看法。

二、不一樣的「共用」檔案模式

　　以往檔案共用分享後，可以存放在公司內部的檔案分享儲存空間，然後透過「追蹤修訂」功能來查詢修改記錄，逐項檢視是否要接受修改。

　　現在共用檔案必須將檔案上傳到 OneDrive，Microsoft 提供的免費雲端空間，還要先申請 Microsoft 帳號，才能執行這項功能，而修改檔案的過程只能透過雲端提供的儲存版本歷程，查看修改過的結果。使用習慣上的改變，還要一段時間才能適應。

1

行政庶務常用表格

單元 >>>>>>>

01

⬇ 範例檔案：CHAPTER 01\01 訪客登記表

訪客登記表

訪客登記表

日期	訪客姓名	到訪原因	到訪時間	離開時間	備註

辦公室裡到處都是公司的營運機密，萬一不小心被有心人士潛入，隨便拿走一張 A4 大小的文件，都可能危及公司正常營運，所以進出辦公室人員的門禁管控是絕對有必要的。一般而言內部員工進出辦公室時，通常都有門禁卡或是員工識別證可供辨識，但是面對外來的廠商或訪客，一般的作業流程都是請訪客填寫基本資料後，給予一張訪客識別證，才能進出辦公室。

範例步驟

① 啟動 Excel 會開啟類似檔案的功能視窗，提供開新檔案、開啟舊檔、使用範本檔等服務。
執行「空白活頁簿」指令，開始建立新的 Excel 活頁簿檔案。

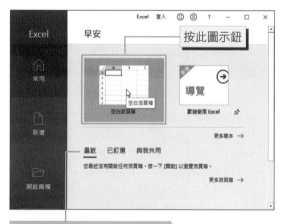

② 將滑鼠游標移到 A1 儲存格位置，按一下滑鼠左鍵，選取 A1 儲存格成為作用儲存格。

功能表區

游標移到此，按下滑鼠左鍵，選取 A1 儲存格

工作表標籤列

③ 在 A1 作用儲存格中輸入表頭名稱「訪客登記表」，按下「資料編輯列」上的 ✔「輸入」鈕，完成輸入內容的工作。（也可以按【Enter】鍵或是選取其他儲存格）

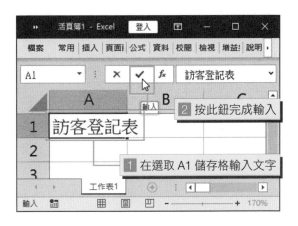

訪客登記表

2 按此鈕完成輸入

1 在選取 A1 儲存格輸入文字

TIPS 輸入完成後，按下資料編輯列上的 ✔「輸入」鈕，作用儲存格會留在原選取的儲存格；但是按【Enter】鍵，作用儲存格會向下移動。

④ 分別在 A2 到 F2 儲存格中輸入「日期」、「訪客姓名」、「到訪原因 / 單位」、「到訪時間」、「離開時間」以及「備註」。
輸入文字時，如果已經超過儲存格寬度，沒關係！接下來的步驟會調整儲存格寬度或合併儲存格，都可以解決這個問題。

在 A2:F2 儲存格輸入標題文字

⑤ 先在 A1 儲存格按住滑鼠左鍵，使用拖曳的方式，選取 A1:F1 儲存格範圍，放開滑鼠左鍵即完成選取相連的儲存格。

切換到「常用」功能索引標籤，在「對齊方式」功能區中，執行「跨欄置中」指令，使 A1:F1 變成同一儲存格，並將文字水平置中對齊。

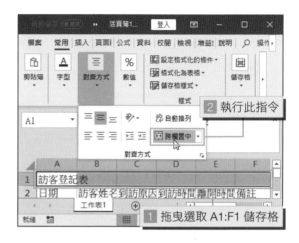

⑥ 切換到「常用」功能索引標籤，在「字型」功能區中，按下「字型大小」清單鈕，選擇「20」。選擇字型大小時，儲存格內的文字大小能即時預覽，方便使用者確認。

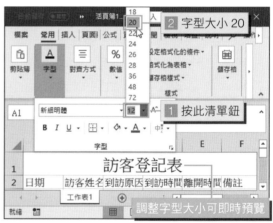

⑦ 繼續在「字型」功能區中，按下 B「粗體」鈕，將表頭文字變成粗體。

接著將游標移到工作表左上方「列」和「欄」的交叉處，當游標變成 ✛ 符號，按下滑鼠左鍵選取整張工作表。

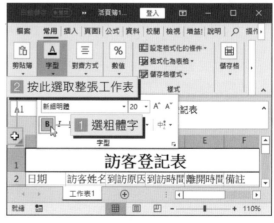

⑧ 將游標移到任兩欄的連接處，當
游標符號變成✛，快按滑鼠左鍵
兩下，使儲存格自動調整成適合
文字寬度。

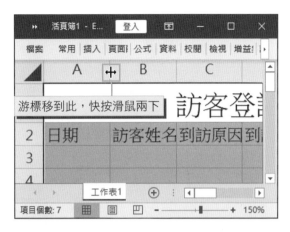

⑨ 將游標移到任兩列的連接處，當
游標符號變成✛，按住滑鼠左鍵
拖曳調整列高到「30」，放開滑鼠
即完成調整列高。

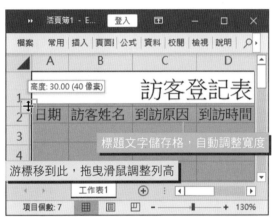

⑩ 選取 F2 儲存格，切換到「常用」
功能索引標籤，在「儲存格」功
能區中，按下「格式」清單鈕，
執行「欄寬」指令，藉以調整 F
欄（備註欄）寬度，適合輸入較多
的文字。

⑪ 開啟「欄寬」對話方塊，輸入欄位寬度「20」後，按「確定」鈕。

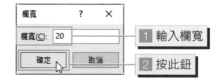

1 輸入欄寬

2 按此鈕

⑫ 選取 A2:F2 儲存格，在「對齊方式」功能區中，按下 ≡「置中」鈕，將標題文字水平置中。

2 按此鈕

F 欄為變較寬

1 選取 A2:F2 儲存格

⑬ 最後選取 A2:F22 儲存格，在「字型」功能區中，按下 ⊞▾「框線」清單鈕，選擇「所有框線」樣式。

2 按此清單鈕

1 選取 A2:F22 儲存格

3 選擇此框線樣式

⑭ 訪客登記表終於製作完成，接著只要將檔案儲存起來，就不用一直重複製作表格。在「快速存取工具列」上，按下 「儲存檔案」鈕。

表格完成了

⑮ 出現「檔案」功能視窗，Excel 會自動執行「另存新檔」的指令，選擇儲存於「這台電腦」的「文件」資料夾中，輸入檔案名稱「訪客登記表」，按下「儲存」鈕就完成儲存工作。

出現檔案功能視窗，並自動執行另存新檔

⑯ 當下次啟動 Excel 程式時，就會在「最近」常用的文件中看到已儲存的檔案。

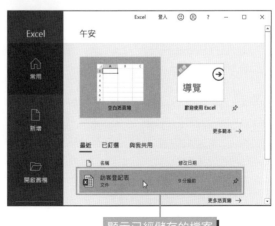

顯示已經儲存的檔案

單元 >>>>>>>
02

⬇ 範例檔案：CHAPTER 01\02 郵件登記表

郵件登記表

雖然現在電腦網路發達，許多文件檔案的往來，都可以靠電腦傳輸。但是有些重要文件或是實體物件，還是非得靠傳統的郵局寄送服務。既然如此，郵件寄出的記錄當然要好好保存下來，以方便日後查詢使用。

範例步驟

1 首先啟動 Excel 365，在開始功能視窗中，按下「開啟」文字鈕，切換到「開啟」索引標籤。

執行此指令

② 執行「瀏覽」指令,打開「開啟
　舊檔」對話方塊。

③ 請選擇範例檔「02 郵件登記表 (1)
　.xlsx」後,按下「開啟」鈕。

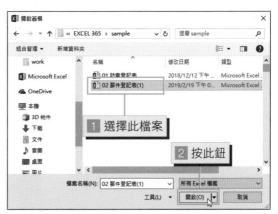

④ 先選取 A2:A3 儲存格,按住【Ctrl】
　鍵,再分別選取 B2:B3、C2:C3
　以及 J2:J3 儲存格,放開【Ctrl】
　鍵,完成不連續儲存格選取。

TIPS ⟩⟩ 使用者千萬別偷懶一次先選取 A2:C3 儲存格喔！這樣 Excel 會認為 A2:C3 儲存格是同一個相連的作用儲存格，當執行合併儲存格時，會將這 6 個儲存格合併成一個，而不是兩兩合併喔！

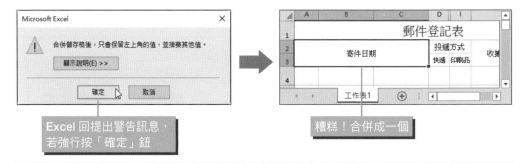

⑤ 切換到「常用」功能索引標籤，在「對齊方式」功能區中，按下「跨欄置中」清單鈕，執行「合併儲存格」指令。

⑥ 儲存格各自兩兩合併，但是有些內容超過欄寬，除了調整欄寬外，還可以讓文字換列來解決。繼續在同一功能區中，執行「自動換行」指令。

⑦ 選取任何儲存格取消前次選取範圍，重新選取 A2:J23 儲存格範圍，按下滑鼠右鍵開啟「快顯功能表」，按 ⊞ ▾「框線」旁的清單鈕，選擇「所有框線」樣式。

⑧ 郵件登記表已經製作完成，開始列印表格以供使用。按下「檔案」功能表索引標籤，切換到檔案功能視窗。

⑨ 在檔案功能視窗中，切換到「列印」功能標籤。

⑩ 注意看列印的預覽窗格，郵件登記表超過一頁的邊界，表格因此變成兩頁。按下 ← 「返回」圖示鈕，回到工作表編輯視窗。

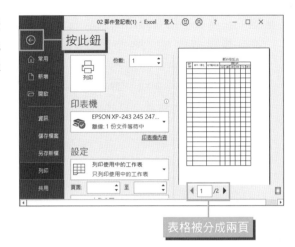

表格被分成兩頁

⑪ 切換到「頁面配置」功能索引標籤，在「版面設定」功能區中，按下「邊界」清單鈕，選擇較「窄」的邊界（預設為標準邊界）。

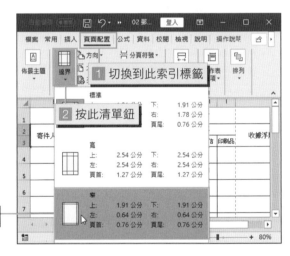

1 切換到此索引標籤
2 按此清單鈕
3 改選「窄」邊界

⑫ 再次按下「檔案」功能視窗，切換到「列印」功能標籤，此時預覽窗格中的表格變成一頁了！最後按下「列印」鈕，就可以到印表機拿到熱騰騰的表格。

按此鈕

表格在同一頁了

⬇ 範例檔案：CHAPTER 01\03 郵票使用統計表

單元 >>>>>>>
03 郵票使用統計表

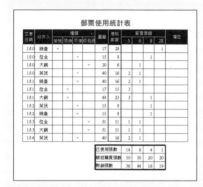

| 郵票使用統計表 |
郵票相當於有價票券，購入、使用及剩餘數量都要有記錄可供查詢核對，大部份的公司都會事先購買一些常用面額的郵票備用，才不至於為了一封 8 元的平信，還要大老遠的跑到郵局去購買郵票寄出。有一些公司還會擺個小磅秤，先將要寄出的信件秤重貼足郵資，以免讓收件人補貼郵資，避免失禮。

範例步驟

① 請先開啟範例檔「03 郵票使用統計表 (1).xlsx」，接著利用「儲存格格式」功能，來替單調的表格加上一些色彩。

先選取 A1 儲存格，切換到「常用」功能索引標籤，在「字型」功能區中，按下右下方的 ⬛ 展開鈕，開啟「設定儲存格格式」對話方塊。

2 按下此鈕

1 選取 A1 儲存格

② Excel 會自動切換到「字型」索引
標籤，字型選擇「微軟正黑體」、
字型樣式選擇「粗體」、大小選擇
「20」、色彩選擇「金色」，然後
按下「確定」鈕。

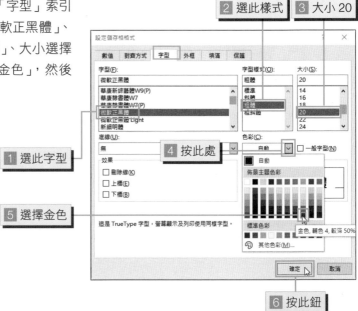

3 選擇 A2:L3 儲存格，再次按「字
型」功能區右下方的展開鈕，開
啟「設定儲存格格式」對話方塊。

④ 再次開啟「設定儲存格格式」對話方塊，自動切換到「字型」索引標籤，重新選擇字型為「微軟正黑體」、色彩選擇「白色」，別急著按「確定」鈕。

⑤ 切換到「填滿」索引標籤，選擇儲存格填滿「黑色」，先不要按「確定」鈕。

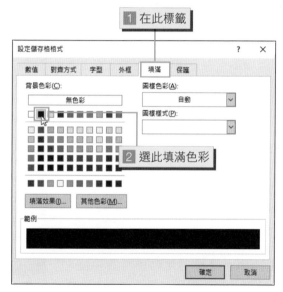

⑥ 再切換到「外框」索引標籤，先選擇框線色彩為「白色」，然後按「外框」鈕，讓選取儲存格範圍最外的外框線條變成白色，還是不要按「確定」鈕。

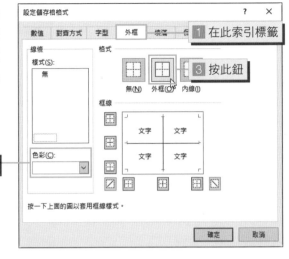

⑦ 接著再按「內線」鈕，讓選取儲存格範圍的內框線也變成白色，終於可以按下「確定」鈕，這樣標題列就會變成明顯的黑底白字樣式。

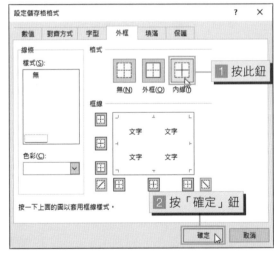

⑧ Excel 雖然有自動換行的功能，但是有時候斷句的位置並不是想要的文字，這時就要使用強迫換行。選取 H2 儲存格，將游標移到資料編輯列「應貼」「郵資」中間，按一下滑鼠左鍵，使編輯插入點停在此處。

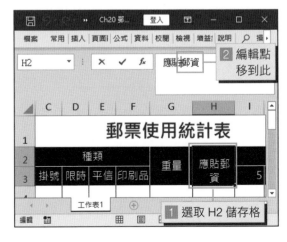

⑨ 按下【Alt】+【Enter】鍵,「郵資」就移到下一行。按下「輸入」鈕完成強迫換行,表格標題美化的工作就暫時告一段落。

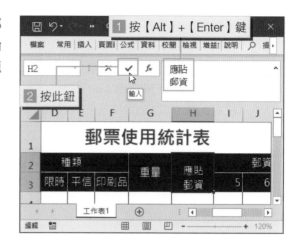

⑩ 請開啟範例檔「03 郵票使用統計表 (2).xlsx」,本範例已經預先輸入一些郵票使用的資料,方便介紹郵票的統計數量。將游標移到欄 A 上方,當游標變成 ↓ 時,按一下滑鼠左鍵,選取整欄 A。

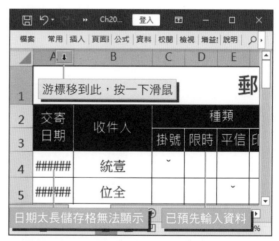

⑪ 切換到「常用」功能索引標籤,在「數值」功能區中,按下」右下方的 ⌐ 展開鈕,開啟「設定儲存格格式」對話方塊。

⑫ 開啟「設定儲存格格式」對話方
塊，自動切換到「數值」索引標
籤中，類別選擇「日期」、類型選
擇「3/14」簡易的顯示類型，按
下「確定」鈕。

⑬ 日期格式設定完之後，開始要計
算已使用的郵票張數。選取 I17
儲存格，切換到「常用」功能索
引標籤，在「編輯」功能區中，
按下 ∑ 自動加總 ▾「自動加總」旁
的清單鈕，執行「加總」指令。

⑭ Excel 會自動選取加總的範圍，
如果這不是使用者希望加總的範
圍，可以直接重新選取。將游標
移到 I4，按住滑鼠左鍵拖曳選取
I4:I15 儲存格。

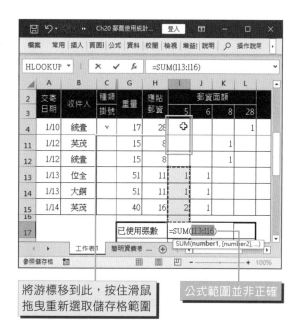

將游標移到此，按住滑鼠
拖曳重新選取儲存格範圍

公式範圍並非正確

⑮ 選取 I4:I15 儲存格範圍後，按下
「輸入」鈕完成公式。

確認欲加總的範圍

⑯ I17儲存格計算出5元的郵票使用張數，接著將公式複製到J17:L17儲存格。將游標移到I17儲存格右下方的 ▄▌「填滿控點」，當游標符號變成 ✚ 時，按住滑鼠向右拖曳，將公式複製到J17:L17儲存格。

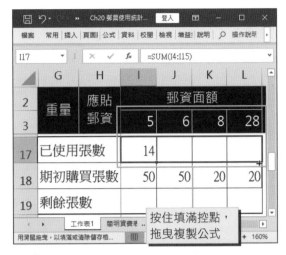

⑰ J17:L17儲存格也分別計算出已使用的郵票張數。接著選取I19存格，先輸入「=」後，再選取I18儲存格。

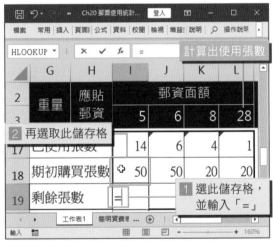

⑱ 接著再輸入「-」號，再選取I17儲存格，使I19儲存格的公式為「=I18-I17」，最後按下資料編輯列上的 ✔「輸入」鈕，則會計算剩餘的5元的郵票張數。

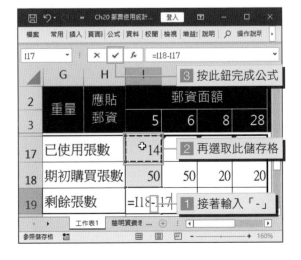

⑲ 最後再將 I19 儲存格的公式複製
到 J19:L19，就完成郵票使用統
計表。

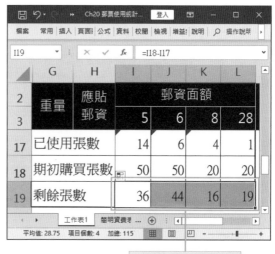

複製公式到 J19:L19

單元 >>>>>>>
04
⊘ 範例檔案：CHAPTER 01\04 公文收發登記表

公文收發登記表

收/發文日期	收發文	文號	收文者	發文者	主旨	備註
108年2月16日	收文	經行字第506號	工業區管理站	總管理站	協助辦理採購業務	
108年2月17日	發文	工字第0001號	權甡貿易公司	工業區管理站	協助辦理採購業務	
108年2月17日	收文	經行字第506號	工業區管理站	總管理站	溪水防汛演習事宜	
108年2月18日	發文	工字第0002號	安全管理協會	工業區管理站	溪水防汛演習事宜	
108年2月19日	收文	工字第0003號	總管理站	工業區管理站	協助行道樹修剪工程範價	
108年2月19日	發文	工字第0003號	一新工程行	工業區管理站	協助行道樹修剪工程彩繪價	
108年2月21日	收文	經行字第506號	工業區管理站	總管理站	辦理工業區園彩繪工作	
108年2月21日	發文	工字第0004號	總管理站	工業區管理站	協助辦理採購業務	
108年2月22日	收文	經行字第506號	工業區管理站	總管理站	加強員工安全管理	
108年2月22日	發文	工字第0005號	長青園中...等12校	工業區管理站	辦理工業區園彩繪工作	
108年2月23日	收文	經行字第506號	工業區管理站	總管理站	協助辦理採購業務	
108年2月23日	發文	工字第0006號	權甡貿易公司	工業區管理站	協助辦理採購業務	
108年2月25日	收文	經行字第506號	工業區管理站	總管理站	工業區員工活寫導導活動	
108年2月25日	發文	工字第0007號	總管理站	工業區管理站	邀請防汛治水工程專家演講	
108年2月26日	收文	工字第0008號	權甡貿易公司	工業區管理站	協助辦理採購業務	
108年2月27日	發文	工字第0009號	安全管理協會	工業區管理站	加強員工安全管理	
108年2月27日						

公文的種類可以分為「令」、「呈」、「咨」、「函」、「公告」、「其他公文」六種，對比較大型的公司或是政府機關，簽辦公文是每天必要的工作，公文往返的管理，當然也是重要的課題。雖然小型的公司行號，正式的公文數量比較少，但相關的管理方式，也可以應用在郵件的收發方面，增加工作效率。

範例步驟

① 請先開啟範例檔「04 公文收發登記表 (1).xlsx」。首先將日期格式設定成國民曆的格式，選取整欄 A，按滑鼠右鍵開啟快顯功能表，執行「儲存格格式」指令。

1 選取整欄 A

2 按滑鼠右鍵，執行此指令

② 開啟「設定儲存格格式」對話方塊，切換到「數值」索引標籤，選擇「日期」類別，按下「行事曆類型」旁的清單鈕，選擇「中華民國曆」類型。

1 切換到此標籤

2 選此類別

3 選此行事曆類型

③ 此時類型中的選項會變成中華民國曆的日期格式，選定適合的類型後，按「確定」鈕。

1 選此日期類型

2 按此鈕

④ 接著使用自動填滿功能，將日期以工作日填滿。選取 A2 儲存格，將游標移到儲存格右下方的 ◼ 填滿控點，當游標符號變成 ✛，按住滑鼠左鍵向下拖曳。

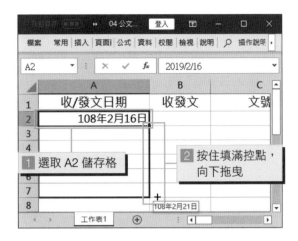

⑤ 放開滑鼠左鍵後，作用範圍儲存格右下方會出現 📇 智慧標籤。當游標移到智慧標籤上方，會變成 📇▾「自動填滿選項」鈕，按下此按鈕則會出現選項清單，選擇「以工作日填滿」選項。

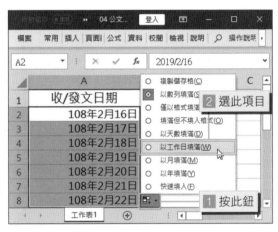

⑥ 日期會自動跳過周休二日。接著分別在 B2 及 B3 儲存格輸入文字「收文」及「發文」，選取 B4 儲存格，按下滑鼠右鍵開啟快顯功能表，執行「從下拉式清單挑選」指令。

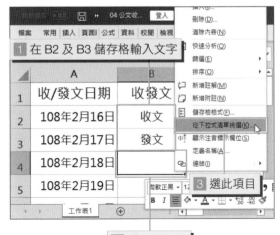

⑦ B4 儲存格則會出現已經輸入過的
文字清單，使用者只要選擇其中
的項目，就能減省重複輸入的時
間。

⑧ 接下來利用 Excel 格式化表格的
功能，快速建立表格框線及加上
篩選功能，請先開啟範例檔「04
公文收發登記表 (2).xlsx」。任選
表格內的儲存格，切換到「常
用」功能索引標籤，在「樣式」
功能區中，按下「格式化為表
格」清單鈕，在清單選項中選擇
適合的表格樣式。

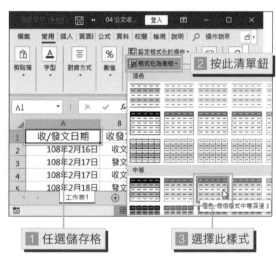

1 任選儲存格　　　3 選擇此樣式

⑨ 此時會出現「格式化為表格」的
對話方塊，其中會自動選取表格
範圍，確認範圍無誤後，按下
「確定」鈕。

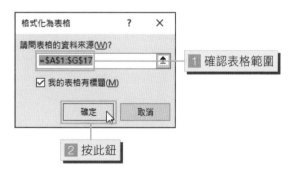

⑩ Excel 自動繪製好表格框線及網底，並在標題列出現下拉式清單鈕，作為資料篩選使用。接著練習使用篩選功能，查出主旨為「採購」相關的公文。按下「主旨」旁的清單鈕，先取消勾選「全選」。

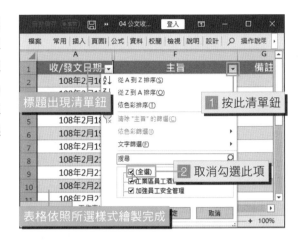

⑪ 重新勾選「協助辦理採購業務」選項，按下「確定」鈕。

⑫ 表格只顯示有關採購的公文。除此之外，還可以進一步篩選只顯示有關採購的發文。按下「收發文」清單鈕，先取消勾選「全選」選項，重新勾選「發文」後，按下「確定」鈕即可。

TIPS 當標題已經設定篩選條件時，標題欄旁的 ▼ 清單鈕會變成 ▼ 篩選鈕，方便使用者辨識。

⑬ 如果要取消「主旨」的篩選條件，只要按下「主旨」旁的 筛 篩選鈕，選擇「清除"主旨"的篩選」即可。

⑭ 依相同方法取消「收發文」的篩選條件，表格就會恢復原來的內容。

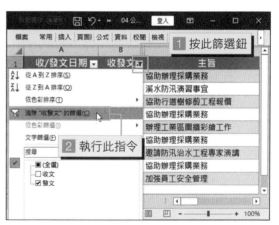

⑮ 如果直接在下一列新增一筆資料，Excel 會很貼心的自動增加格式化表格的範圍。選取 A18 儲存格，輸入日期「2/27」，按下「輸入」鈕。

⑯ 如果輸入的資料在不相連的儲存格，想要納入格式化表格的範圍，只要將游標移到表格範圍最右下方的 ◢ 符號位置，當游標變成 ⬉ 符號，按住滑鼠右鍵，拖曳到適當的範圍即可。

⑰ 使用「格式化為表格」功能製作表格就是這麼簡單。

單元 >>>>>>>

05　團購意願調查表

⬇ 範例檔案：CHAPTER 01\05 團購意願調查表

為了可以揪團撿便宜，辦公室有時會發起團購活動，製作一張漂亮精美的意願調查表，不但可以勾起更多人一起購買的欲望，而且透過雲端儲存空間，讓有意願者自行填寫，省時又方便。

範例步驟

① 如果網頁上有需要使用的圖表或圖片，可以將圖表當成圖片一樣擷取下來，再貼到 Excel 上面。以前需要使用專業的擷圖軟體，現在 Excel 提供擷取圖片的功能，請先開啟範例檔「05 團購意願調查表 (1).xlsx」，並任意開啟文件或網頁的視窗。(本範例為先開啟 https://www.books.com.tw/products/0010814307?loc=P_010_002 網頁) 切換到「插

入」功能索引標籤，在「圖例」功能區中，按下「螢幕擷取畫面」清單鈕，其中會顯示目前已經開啟的其他視窗，選擇要擷取的視窗。

② 出現詢問是否要加入超連結的對話方塊，按下「是」鈕。

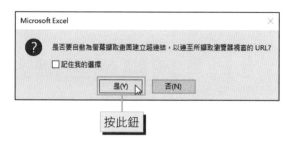

③ 在工作表中加入了網頁圖片。將游標移到圖片四周小白點，按住滑鼠左鍵，拖曳調整圖片大小並移到適當位置。

④ 任選一個儲存格完成編輯圖片，將游標移到圖片上方，游標將顯示 🖑 符號，此時按下圖片則會自動開啟網頁。

⑤ 若想再次調整圖片位置大小，切換到「常用」功能索引標籤，在「編輯」功能區中，按下「尋找與選取」清單鈕，執行「選取物件」指令，此時游標移到圖片上會顯示 ↳ 符號，點選圖片即可重新編輯。（選取圖片後，請按【Del】鍵，先將圖片刪除，再進行下個步驟）

⑥ 如果只想顯示視窗中的部分畫面，則要切換到「插入」功能索引標籤，在「圖例」功能區中，按下「螢幕擷取畫面」清單鈕，選擇執行「畫面剪輯」指令。

⑦ 在螢幕尚未變白之前，選擇要擷取畫面的視窗（除 Excel 以外，若只開啟的一個視窗則省略）。當螢幕變白後，游標會變成 ✛，拖曳選取要擷取的畫面範圍。

⑧ 工作表插入擷取的圖片，然後再
調整圖片大小及位置即可。

⑨ 選取 C5 儲存格，切換到「資
料」功能索引標籤，在「資料工
具」功能區中，按下「資料驗
證」清單鈕，執行「資料驗證」
指令。

⑩ 開啟「資料驗證」對話方塊，在
「設定」標籤中，按下「儲存格
內允許」的清單鈕，選擇「清
單」選項。

⑪ 直接在來源處輸入「是,否」，按下「確定」鈕。兩個選項中間的逗號，要使用英文模式下的逗號，才能正確顯示。

⑫ 選取 C5 儲存格，按下儲存格旁的清單鈕，出現「是」與「否」的下拉式清單選項。將 C5 儲存格的驗證方式，利用填滿控點拖曳複製到 C6:C26 儲存格。

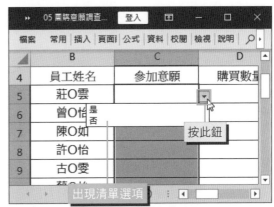

⑬ 在 E5 儲存格輸入公式「=D5*200」，並複製公式到 E26 儲存格。

⑭ 選取 D27 儲存格，切換到「公式」功能索引標籤，在「函數庫」功能區中，執行「自動加總」指令。

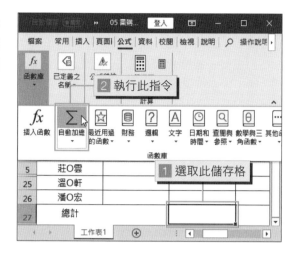

TIPS ≫ 某些含有清單選項的功能指令，本身也是選項中的一員，如：自動加總、資料驗證、定義名稱…等，如果只是要執行本身的功能，可以按下圖示的位置 ，就能直接執行指令。

如果要選擇清單下的指令，則按下清單鈕的位置 ，就可以開啟清單選項。

⑮ 選取加總範圍 D5:D26 儲存格，按下【Enter】鍵即完成函數輸入。依相同方法在 E27 儲存格完成函數公式「=SUM(E5:E26)」。

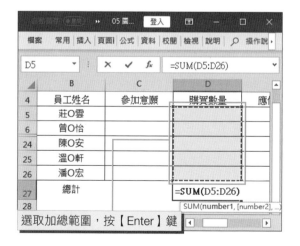

⑯ 調查表已經製作完成，為了避免填寫者不小心刪除了調查表內容，可先對工作表進行保護。切換到「校閱」功能索引標籤，在「保護」功能區中，執行「允許編輯範圍」指令。

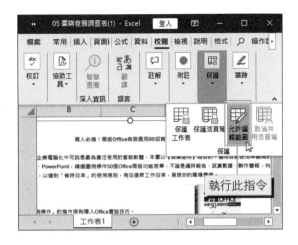

⑰ 出現「允許使用者編輯範圍」對話方塊，按下「新範圍」鈕，設定可編輯的儲存格範圍。

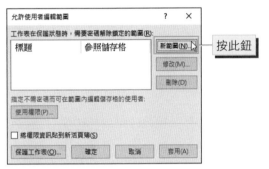

⑱ 另外出現「新範圍」對話方塊，參照儲存格中輸入「=C5:D26」儲存格範圍，按「確定」鈕。

⑲ 回到「允許使用者編輯範圍」對話方塊，還要執行「保護工作表」指令，才能正確使用該項功能。

⑳ 設定取消保護工作表時所需要的
　密碼,輸入「0000」(使用者可
　以任意輸入密碼),接著按下「確
　定」鈕。

㉑ 再次輸入確認密碼,按下「確
　定」鈕。

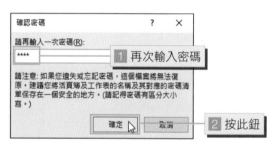

㉒ 回到工作表,選取非可編輯範圍
　的儲存格,就會出現「警告」對
　話方塊提醒使用者。按下「警
　告」對話方塊的「確定」鈕,就
　可以重回工作表。

㉓ 接著將活頁簿檔案開放共用,放
　在 Office 365 提供的免費雲端空
　間 ☁ OneDrive,讓其他同事可
　以開啟檔案自行填寫意願表。在
　功能表標籤列執行「共用」指令。

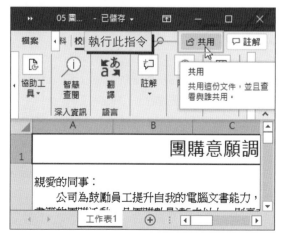

㉔ 開啟「共用」對話方塊，按下「OneDrive- 個人」鈕，立刻上傳檔案到 OneDrive 個人雲端空間，方便其他使用者共用。

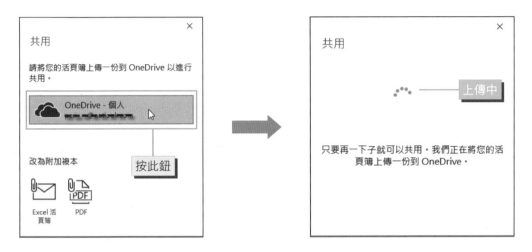

㉕ 上傳完成後，活頁簿會開啟「共用」工作窗格，按下 🔲「通訊錄」圖示鈕，藉由 mail 通知有檔案開放共用。

㉖ 開啟「通訊錄」對話方塊，按住【Ctrl】鍵，選取要通知的連絡人，按下「收件者」鈕，就會列入收件者名單。你還是可以繼續選取連絡人，再按下「收件者」鈕，等全部要通知的連絡人都選取完畢後，最後再按下「確定」鈕。

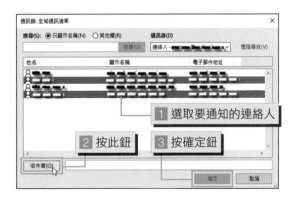

㉗ 回到活頁簿檔案，注意左上角的「自動儲存」已經自動被開啟，剛選取的連絡人也出現在邀請人員名單中，在空白處寫下要補充說明的文字作為信件的內容，按下「共用」鈕。

㉘ 共用工作窗格中顯示可使用雲端檔案的人員名單，你也可以再次按下圖「通訊錄」圖示鈕，重複上述步驟新增其他人員。

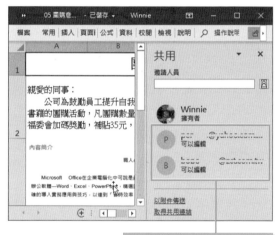

TIPS 如果共用名單有誤，你可以選取該連絡人，按下滑鼠右鍵開啟快顯功能表，選擇「移除使用者」即可。

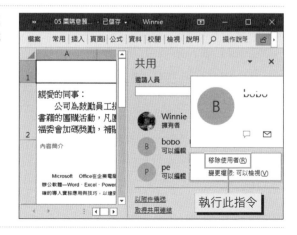

㉙ 收到 Mail 的人只要按下檔案名稱的連結，即會開啟瀏覽器連結上 OneDrive 檔案位置。

㉚ 檔案會以「唯讀」形式開啟，按下「編輯活頁簿」清單鈕，則可選擇在 Excel Online 或是在 Excel 程式中編輯。

㉛ 當時間到了要統計購買數量時，記得要在電腦的「OneDrive>Documents」資料夾中開啟調查表檔案。

㉜ 開啟檔案後,別忘了先按下快速
存取工作列上的 🔁「儲存」鈕,
可以重新整理並儲存其他使用者
的資料更新。

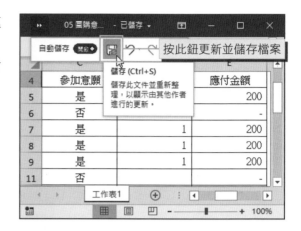

㉝ 最後將調查表的統計資料列印出
來即可。切換到「檔案＼列印」功
能索引標籤,按下「列印」鈕。

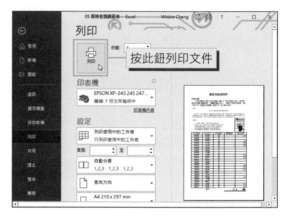

2

總務用品管理系統

單元 >>>>>>>

06

⤓ 範例檔案：CHAPTER 02\06 影印紙領用登記表

影印紙領用登記表

影印機需要用紙、印表機也需要用紙，如果不注意用完了，肯定急壞一些人，所以影印紙的管理也顯得格外重要。通常公司都會向廠商購買整箱的影印紙放在公司備用，對於比較大型的公司，領用的數量可能就以 " 箱 " 為單位，而一般公司則是以 " 包 " 為單位，因此領用單上就要特別註明數量的單位。

範例步驟

① 辦公室的紙張當然不只 A4 一種尺寸，將各種尺寸及顏色先列表，以方便領用人填寫。請先開啟範例檔「06 影印紙領用登記表 (1).xlsx」，選取整欄 B:F，切換到「常用」功能索引標籤，在「剪貼簿」功能區中，執行「複製」指令。

2 執行此指令　　　1 選取整欄 B:F

② 選取整欄 G，在「儲存格」功能
　區中，按下「插入」清單鈕，執
　行「插入複製的儲存格」指令。

1 選取整欄 G

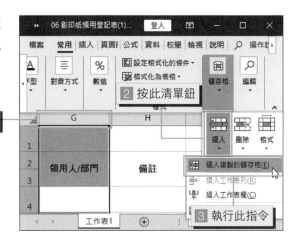

③ 選取 G2 儲存格將 A4 改成 B4
　影印紙，接著選取整欄 J:K，在
　「儲存格」功能區中，按下「刪
　除」清單鈕，執行「刪除工作表
　欄」指令。

④ 選取整欄 J，按滑鼠右鍵，開啟快
　顯功能表，執行「插入」指令。

⑤ 分別在 J2 及 J3 儲存格輸入「A3」及「白色」。（為了表格的美觀，因此 A3 的「影印紙」字詞省略）

⑥ 接著就利用框線工具，來繪製框線及格線。選取 A2 儲存格，在「字型」功能區中，按下 田 ▼「框線」清單鈕，執行「繪製框線格線」指令。

⑦ 當游標符號變成 時，拖曳繪製 A2 儲存格的對角斜線。

⑧ 接著從 A2 儲存格拖曳繪製框線格線到 L33 儲存格。繪製完成後，在任何儲存格中，快按滑鼠 2 下，則可恢復編輯工作表。

拖曳繪製 A2:L33 儲存格範圍的框線格線

⑨ 接下來修改對角斜線儲存格的文字排列。選取 A2 儲存格，先變更對齊方式為「向左對齊」，再將游標插入點移到「數量」後方，利用【Alt】+【Enter】鍵將文字強迫換行，並使用鍵盤空白鍵，在文字前方插入一些空格文字，使文字看似向右對齊。依相同方法使得文字排列如右圖所示，最後微調列高即可。

⑩ 表格製作完成接下來要進行列印前的版面設定工作。請開啟範例檔「06 影印紙領用登記表 (2).xlsx」，先按下「檔案」功能索引標籤，切換到「檔案」功能視窗，並選擇「列印」索引標籤，按下「標準邊界」清單鈕，選擇「窄」邊界。

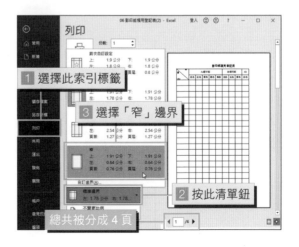

⑪ 按下「不變更比例」清單鈕，重新選擇「將所有欄放入單一頁面」選項。

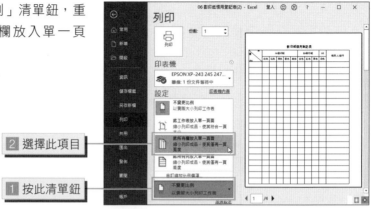

2 選擇此項目

1 按此清單鈕

⑫ 此時「預覽列印」窗格中，可見欄位標題都縮小在同一頁中，但是長度仍超過上下邊界。按下左上角的 ← 返回鈕，回到工作表編輯視窗。

標題欄縮小到左右邊界中

按此處回到工作表

表格仍被分成 2 頁

⑬ 從工作表中可以看出列 25 和列 26 之間的格線為虛線，表示列 26 開始為第 2 頁的範圍。除了使用「刪除」指令，刪除列 26:33 整列外，亦可在「字型」功能區中，按下「框線」清單鈕，執行「清除框線」指令，縮減表格範圍。

分頁提醒位置

執行此指令

⑭ 當游標符號變成 ✐ 時，拖曳清除 A26:L33 儲存格範圍內的框線。

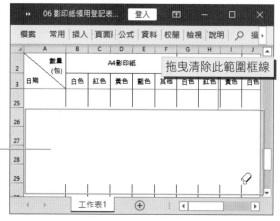

游標所到之處清潔溜溜

拖曳清除此範圍框線

⑮ A26:L33 儲 存 格 不 再 是 表 格 範 圍，但列 25 的下框線跟著被清 除。繼續在「字型」功能區中， 按下「框線」清單鈕，選擇按下 「線條樣式」指令清單鈕，執行 選擇「雙框線」樣式。

1 按此清單鈕

2 選此樣式

下框線被刪除

TIPS▶ 框線清單鈕的圖示並非一成不 變，而是會隨著上一次選擇的功能而改 變。以此範例為例，預設的清單鈕圖示是 ⊞▾「下框線」，繪製框線與格線後變成 ⊞▾，清除框線後又變成 ◇▾，等繪製完 外框線後又變成 ⊞▾。

⑯ 選定線條樣式後，再執行「繪製 框線」指令。

執行此指令

⑰ 當游標符號變成 ✐ 時，拖曳繪製
A2:L25 儲存格範圍的外框線。只
有拖曳範圍的外圍是雙框線樣
式，裡面的格線維持細直線樣式。

拖曳繪製外框線

⑱ 最後在 L1 儲存格輸入文字「月
份」，並將對齊方式改為「靠右對
齊」、文字大小改為「16」即可。

3 變更字型大小

2 變更對齊方式　　1 在此輸入文字

單元 >>>>>>> 07

⬇ 範例檔案：CHAPTER 02\07 辦公用品請領單

辦公用品請領單

雖然每個人使用物品的喜好不盡相同，但是辦公室還是會準備一些常用的辦公用品，提供給員工使用。由於辦公室用品種類繁多，光一個文件夾可能就分成 L 夾、U 型夾、打洞的或是彈力夾之類，請領人員總不可能一一詢問公司有沒有準備，如果請領單上能直接提供用品選項，不論是新增或剔除，就能一目了然。

範例步驟

① 請先開啟範例檔「07 辦公用品請領單 (1).xlsx」，選取 C2 儲存格，輸入數字「108」，按住填滿控點向下拖曳到 C6 儲存格。

1 選取此儲存格，並輸入數字

2 拖曳複製儲存格

② 按下 C6 儲存格旁的「自動填滿選項」鈕，選擇「以數列填滿」。

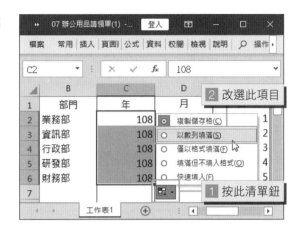

③ 請再開啟範例檔「07 辦公用品請領單 (2).xlsx」，讓兩個活頁簿檔案同時開啟。切換到「檢視」功能索引標籤，在「視窗」功能區中，按下「切換視窗」清單鈕，選擇切換回「07 辦公用品請領單 (1)」。

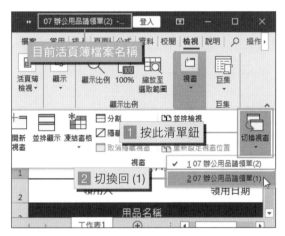

④ 在「07 辦公用品請領單 (1)」活頁簿中，切換到「常用」功能索引標籤，在「儲存格」功能區中，按下「格式」清單鈕，執行「移動或複製工作表」指令。

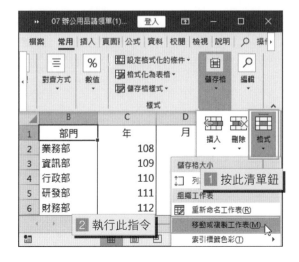

⑤ 出現「移動或複製」對話方塊，按下將選取工作表移到「活頁簿」清單鈕，選擇將 (1) 的工作表，移到 (2) 的活頁簿中。

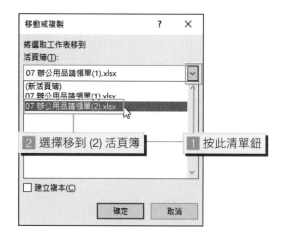

⑥ 在「選取工作表之前」中，選擇「移動到最後」，將 (1) 工作表移到 (2) 活頁簿檔案的工作表標籤的最後一個，然後按下「確定」鈕。

⑦ 由於「07 辦公用品請領單 (1)」活頁簿中，原本就只有一個工作表，因此 Excel 會自動保留原有的工作表，複製一份工作表到「07 辦公用品請領單 (2)」，並關閉 (1) 活頁簿檔案。

此時對 (2) 活頁簿「工作表 1 (2)」的工作表標籤，執行「常用 \ 儲存格 \ 格式 \ 重新命名工作表」指令。

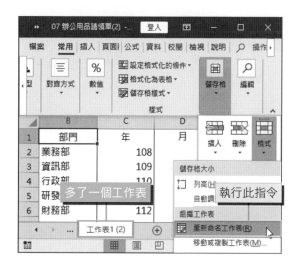

⑧ 在反白的工作表標籤中，輸入文字「資料驗證」，然後按【Enter】鍵，完成重新命名工作表。依相同方法將工作表1重新命名為「請領單」。

⑨ 切換到「請領單」工作表，選取B4儲存格，切換到「資料」功能索引標籤，在「資料工具」功能區中，執行「資料驗證」指令。

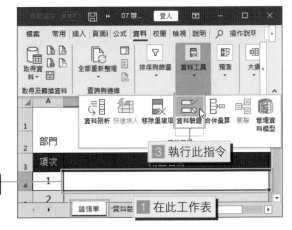

⑩ 在「資料驗證」對話方塊的「設定」標籤中，儲存格內允許選擇「清單」，按下「展開」鈕選取資料來源。

⑪ 切換到「資料驗證」工作表，選取 A2:A24 儲存格範圍，此時「資料驗證」來源方塊會同步顯示選取範圍，按下「摺疊」鈕則可回到「資料驗證」對話方塊。

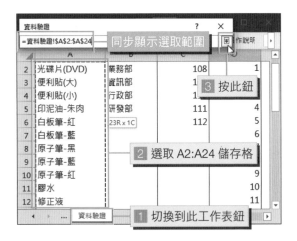

⑫ 最後再次確認來源範圍後，按下「確定」鈕。

⑬ B4 儲存格旁出現下拉式清單鈕。拖曳填滿控點將 B4 儲存格的驗證清單複製到 B5:B9 儲存格。此時 B5:B9 儲存格格式被 B4 儲存格所取代，按下「自動填滿選項」清單鈕，選擇「填滿但不填入格式」。

⑭ B5:B9 儲存格恢復原有的格式，而驗證方式也被保留下來。

恢復原有格式

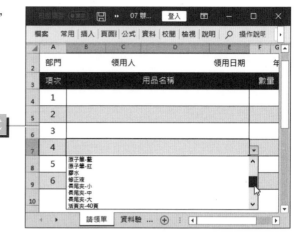

⑮ 分別在 B2、F2、H2 及 J2 儲存格，執行「資料驗證」指令，將部門、年、月及日都設定驗證清單選項。

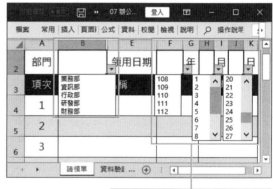

分別在此儲存格設定驗證清單

⑯ 完成的請領單可以存放在共用的資料夾，讓公司其他員工可以自行下載填寫。但是為了避免「資料驗證」工作表被誤刪影響清單選項，不妨使用「保護活頁簿」功能。切換到「校閱」功能索引標籤，在「保護」功能區中，執行「保護活頁簿」指令。

執行此指令

⑰ 輸入密碼後，按「確定」鈕。(本範例為「0000」)

1 輸入密碼

2 按此鈕

⑱ 再次輸入確認密碼，再按「確定」鈕即完成。若要取消保護活頁簿，只需要在執行一次「校閱 / 保護 / 保護活頁簿」指令，輸入取消保護的密碼即可。

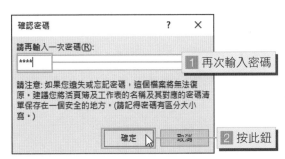

1 再次輸入密碼

2 按此鈕

TIPS 》 受到保護的活頁簿可以從「檔案」視窗中的資訊看出。

單元 >>>>>>

08

⊕ 範例檔案：CHAPTER 02\08 辦公用品請購彙總表

辦公用品請購彙總表

辦公用品通常單次使用量不會太大，部分品項可能一年採買不到一次，所以辦公用品的安全庫存量該設定多少，什麼時候該進行請購，可能就要從以前的採購量和使用量作約略的評估。

辦公用品請購彙總表

彙總月份： 1 月份　　　　　請購日期 2019/2/10

項目	單價	期初存量	採購數量	使用數量	期末存量	現購數量	採購金額	備註包裝規格
光碟片(DVD)	3	30	0	16	14	50	150	50片/布丁桶
便利貼(大)	15	20	0	10	10			-
便利貼(小)	12	30	0	10	20			-
印泥油-朱肉	80	5	0	0	5			-
白板筆-紅	20	10	0	3	7			
白板筆-藍	20	10	0	3	7			
原子筆-黑	10	20	0	10	10			
原子筆-藍	10	20	0	10	10			
原子筆-紅	10	20	0	10	10			
膠水	10	10	0	7	3	10	100	
修正液	20	15	0	8	7	10	200	
長尾夾-小	2	20	30	46	4	60	120	15只/盒
長尾夾-中	3	12	30	30	12	40	120	10只/盒
長尾夾-大	5	5	20	18	7	20	100	10只/盒
活頁夾-40頁	50	5	0	0	5			
強力夾	20	10	0	0	10			
彈簧夾	20	12	0	0	12			
L型文件夾	1	80	100	120	60	200	200	100個/包
公文夾	2	6	12	8	10	15	30	15個/包
膠帶-大	10	3	20	15	8	20	200	10個/領
膠帶-迷你	8	10	0	5	5	10	80	10個/領
雙面膠-12*15	8	12	0	7	5	10	80	10個/網
雙面膠-24*15	10	5	10	8	7	10	100	10個/網
						請購總金額	1,480	

覆核：　　　　　主管：　　　　　請購人：

範例步驟

① 請開啟「08 辦公用品請購彙總單(1).xlsx」，先選取 F4 儲存格，輸入公式「=C4+D4-E4」。

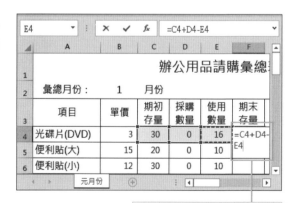

選取此儲存格，並輸入公式

② 自動計算出庫存的數量，但是顯示的數字緊貼著框線，看起來有點擠，但是 E4 儲存格的水平對齊方式居然也是「靠右對齊」，只要將 E4 儲存格的格式複製過來即可。

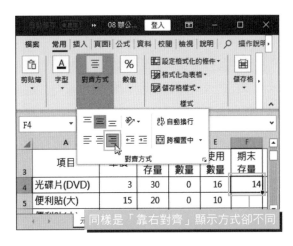

同樣是「靠右對齊」顯示方式卻不同

③ 選取 E4 儲存格按住填滿控點，拖曳複製到 F4 儲存格，按下「自動填滿選項」鈕，選擇「僅以格式填滿」。

④ 當期末存量小於安全存量時，就要準備請購該項物品，Excel 提供格式化條件的功能，可以省去每次核對安全存量的麻煩。選取 F4 儲存格，切換到「常用」功能索引標籤，在「樣式」功能區中，按下「設定格式化的條件」清單鈕，執行「醒目提示儲存格規則\小於」指令。

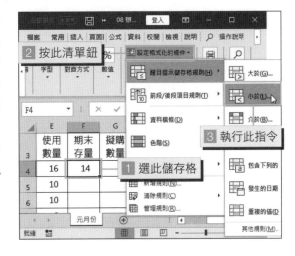

⑤ 開啟「小於」對話方塊,在「格式化小於下列的儲存格」空白處,直接選取 K4 儲存格,使用預設的格式化樣式,按下「確定」鈕。

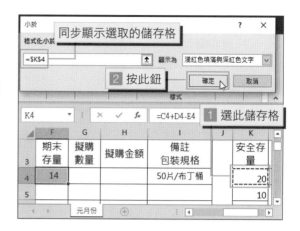

⑥ 選取 F4 儲存格,將公式及格式化條件複製到下方儲存格。看起來似乎好像已經完成,其實不然,注意 F7 的數量明明就超過安全存量,那是因為在上一個步驟 Excel 自動設定成絕對儲存格。

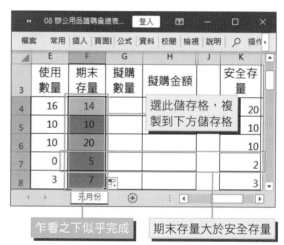

⑦ 既然不正確就先將格式化條件刪除,再重新設定。再次按下「設定格式化的條件」清單鈕,執行「清除規則\清除整張工作表的規則」指令。

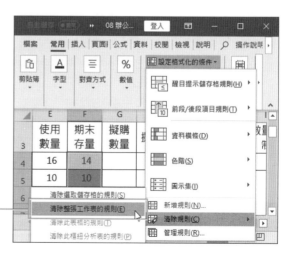

⑧ 清除整張工作表規則後，重新再執行「醒目提示儲存格規則\小於」指令，選取 K4 儲存格後，按【F4】鍵 2 次，使得儲存格為「=$K4」的相對位置，按下「確定」鈕。

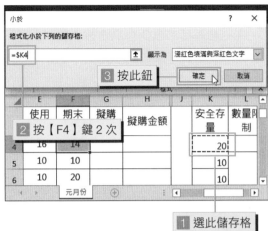

⑨ 最後重新複製 F4 儲存格到下方，當期末存量小於安全存量時，就能正確顯示。擬購數量一般都會參考使用量作為基準，但是有些特殊包裝的品項，不妨使用資料驗證的清單，避免輸入非包裝數量的倍數，以及限制最大採購量。

⑩ 選取 L4 儲存格並輸入數字「15」，使用滑鼠右鍵按住填滿控點，向下拖曳到 L8 儲存格，（通常複製儲存格時是按滑鼠左鍵拖曳），放開滑鼠右鍵，則會出現功能選單，執行「數列」指令。

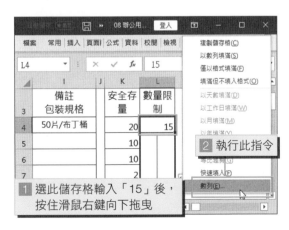

⑪ 開啟「數列」對話方塊，以 15 個為一個單位，因此在間距值中輸入「15」後，按「確定」鈕。

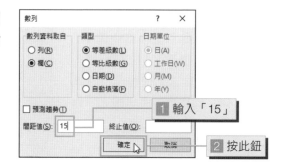

⑫ 利用自動計算出的數列作為 G15 儲存格的驗證來源。選取 G15 儲存格，切換到「資料」功能索引標籤，執行「資料驗證」指令，在開啟的「資料驗證」對話方塊中，選擇「清單」選項，並在來源處選取 L4:L8 儲存格，然後按下「確定」鈕。

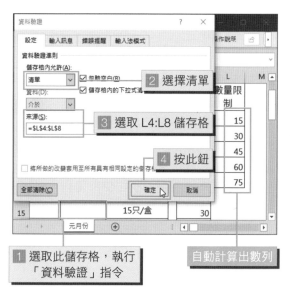

⑬ 請開啟「08 辦公用品請購彙總單 (2).xlsx」，本範例已預先輸入擬購數量。選取 H4 儲存格，輸入公式「=B4*G4」，並將公式複製到下方儲存格。

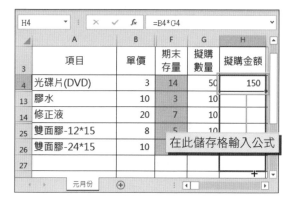

⑭ 接著選取 H29 儲存格，切換到「常用」功能索引標籤，插入「加總」函數，選取加總範圍 H4:H28 儲存格，完整公式為「=SUM(H4:H28)」。

在此儲存格輸入公式

⑮ 最後當然是進行列印的工作，在此之前，還要設定版面配置，讓列印出來的表單更美觀。切換到「頁面配置」功能索引標籤，在「版面設定」功能區中，按下「邊界」清單鈕，執行「窄」指令。

執行此指令

⑯ 為了不要列印出表格以外的準則項目（安全存量和數量限制），就要先設定列印範圍。選取 A1:L30 儲存格，按下「列印範圍」清單鈕，執行「設定列印範圍」指令。

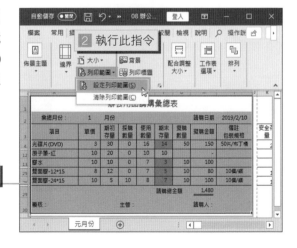

1 選取列印範圍

⑰ 雖然在螢幕上表格看起來色彩鮮
豔，包括存量警示這些色彩，但
是全部列印出來，可能會被長官
罵浪費墨水，所以要做進一步的
設定，請按下「版面設定」功能
區右下方的展開鈕。

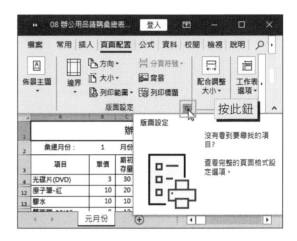

⑱ 開啟「版面設定」對話方塊，先
切換到「工作表」索引標籤，在
「列印」區域勾選「儲存格單色
列印」，然後按下「預覽列印」
鈕。

⑲ 檢視版面如果沒有其他問題，就
可以按下「列印」鈕，準備請款
買東西。

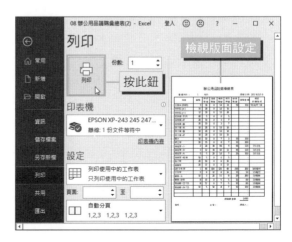

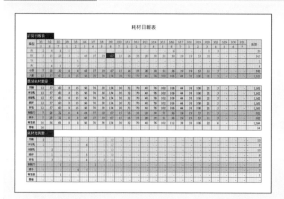

📥 範例檔案：CHAPTER 02\09 耗材使用日報表

單元 >>>>>>
09 耗材使用日報表

一般辦公室中的耗材不外乎墨水匣、碳粉匣之類，這些用品久久才換一次，根本不需要日報表。但是有些行業（如：旅店）的耗材，每日的用量就相當可觀，這些耗材相當於公司的資產，如果訂房數和耗材使用量不成比例，成本控管就出現很大的問題，當然公司可能因此而賠錢。本範例將以中小型飯店為例，從訂房資訊作為管理耗材的基準，藉以完成耗材使用日報表。

範例步驟

① 想要在儲存格中顯示某天是星期幾，除了可以輸入日期後，使用儲存格格式變更日期格式外，也可以使用函數公式完成。請開啟範例檔「09 耗材使用日報表 (1).xlsx」，選取 B4 儲存格，按下資料編輯列上的 *fx*「插入函數」鈕。

② 開啟「插入函數」對話方塊，選
　擇「日期及時間」類別，選取
　「WEEKDAY」函數，按下「確
　定」鈕。

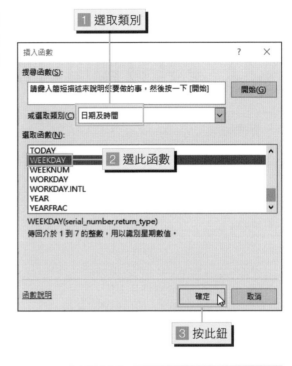

③ 開啟 WEEKDAY 函數引數對話方
　塊，在引數 Serial_number 處選
　取 B3 儲存格；引數 Return_type
　處輸入「2」，按下「確定」鈕。

操作 MEMO　WEEKDAY 函數

說明： 傳回參照日期的星期數值。此數值為介於 1 到 7 的整數。

語法： WEEKDAY(serial_number,[return_type])

引數： 將資訊提供給動作、事件、方法、屬性、函數或程序的值。

　　・Serial_number（必要）。表示要參照的日期。

　　・Return_type（可省略）。表示決定傳回值類型的數字。

Return_type	傳回的數字
1（省略）	數字 1（星期日）到 7（星期六）
2	數字 1（星期一）到 7（星期日）
3	數字 0（星期一）到 6（星期六）
12	數字 1（星期二）到 7（星期一）
13	數字 1（星期三）到 7（星期二）
14	數字 1（星期四）到 7（星期三）
15	數字 1（星期五）到 7（星期四）
16	數字 1（星期六）到 7（星期五）

④ 選取 C3 儲存格輸入公式「=B3+1」，這裡不用拖曳的方式自動填滿日期，是因為到下個月份時，只需要修改 B3 儲存格，後面的日期就會自動變更。

顯示 5 代表星期五

選取 C3 儲存格，輸入公式

⑤ 將 C3 儲存格公式複製到 AF3，B4 儲存格亦複製到 AF4 儲存格。

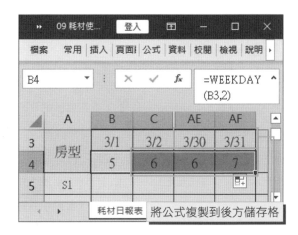

將公式複製到後方儲存格

⑥ 接著根據訂房明細表的資料，統計每天各房型的訂房狀況及人數，方便估算該日需要的耗材數量。選取 B10 儲存格，切換到「公式」功能索引標籤，在「函數庫」功能區中，按下 □▾「數學與三角函數」清單鈕，執行「SUMIF」函數。

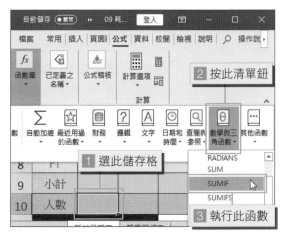

⑦ 開啟 SUMIF 函數引數對話方塊，將游標移到 Range 處，切換工作表標籤到「訂房明細表」工作表，選取整欄 A，按【F4】鍵，使其儲存格範圍變成「訂房明細表 !$A:$A」。

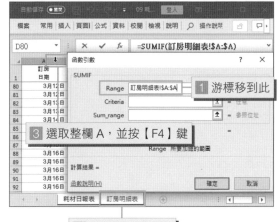

⑧ 將游標移到 Criteria 處，切換回「耗材日報表」工作表，選取 B3 儲存格，按【F4】鍵 2 次，使其儲存格範圍變成「B$3」。

⑨ 將游標移到 Sum_range 處，切換工作表標籤到「訂房明細表」工作表，選取整欄 H，按【F4】鍵，使其儲存格範圍變成「訂房明細表!$H:$H」，按下「確定」鈕。

操作 MEMO　　**SUMIF 函數**

說明： 計算所有符合條件的儲存格總和。

語法： SUMIF(range, criteria, [sum_range])

引數： 將資訊提供給動作、事件、方法、屬性、函數或程序的值。

・Range（必要）。就是要進行條件篩選的儲存格範圍。範圍中的儲存格都必須是數字，或包含數字的名稱、陣列或參照位址。

・Criteria（必要）。符合要加總儲存格的條件。可能是數字、運算式或文字的形式。

・Sum_range（可省略）。要加總的儲存格範圍。如果省略此引數，Excel 會加總與套用準則相同的儲存格。

⑩ 人數的部分只需要針對日期為條件進行加總，但是房間的部分，不但要針對日期，還要符合指定的房型進行加總，這時候就要使用另外一個函數。選取 B5 儲存格，按下「數學與三角函數」清單鈕，執行「SUMIFS」函數。

⑪ 出現 SUMIFS 函數引數對話方塊，將游標移到 Sum_range 處，切換工作表標籤到「訂房明細表」工作表，選取整欄 G，按【F4】鍵，使其儲存格範圍變成「訂房明細表!$G:$G」。

⑫ 將游標移到 Criteria_range1 處，選取整欄 A，按【F4】鍵，使其儲存格範圍變成「訂房明細表!$A:$A」。

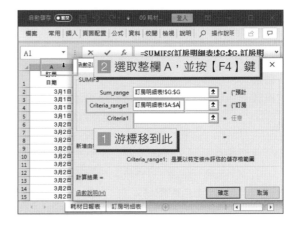

⑬ 將游標移到 Criteria1 處，切換回
「耗材日報表」工作表，選取 B3
儲存格，按【F4】鍵 2 次，使其
儲存格範圍變成「B$3」。

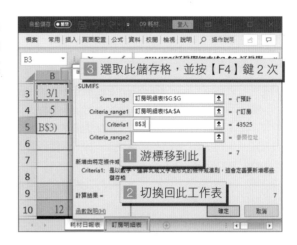

⑭ 設定完第一個條件，接著要設定
第二個條件。將游標移到 Criteria
_range2 處，選取整欄 D，按【F4】
鍵，使其儲存格範圍變成「訂房
明細表 !$ D:$D」。

⑮ 將游標移到 Criteria2 處，切換回
「耗材日報表」工作表，選取 A5
儲存格，按【F4】鍵 3 次，使其
儲存格範圍變成「$A5」，按下
「確定」鈕。

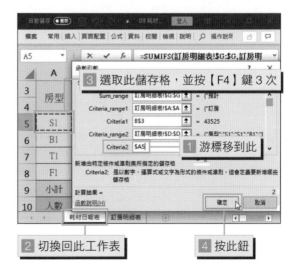

操作 MEMO　SUMIFS 函數

說明： 將範圍（範圍：工作表上的兩個或多個儲存格。範圍中的儲存格可以相鄰或不相鄰。）中符合多個準則的儲存格相加。

語法： SUMIFS(sum_range, criteria_range1, criteria1, [criteria_range2, criteria2], ...)

引數： 將資訊提供給動作、事件、方法、屬性、函數或程序的值。

- Sum_range（必要）。要加總的儲存格範圍。
- Criteria_range1（必要）。第一個條件值的篩選範圍。
- Criteria1（必要）。第一個條件值。
- Criteria_range2, Criteria2,... 選用。其他篩選範圍及其相關條件。最多允許 127 組範圍 / 準則。

---

⑯ 先將 B5 的公式複製到 B6:B8 儲存格，選取 B9 儲存格，輸入加總公式「=SUM(B5:B8)」。

⑰ 最後將 B5:B10 儲存格公式複製到 C5:AF10，計算出每日各房型訂房的間數和及預估入住人數。

⑱ 每個房型都有固定的房間數量，如果訂房數量超過該房型的數量，則要提早安排入住別的房型。本範例假設 S1 房型有 20 間、B1 房型有 60 間、T1 房型有 15 間、F1 房型有 10 間。選取 B5:AF5 儲存格，切換到「常用」功能索引標籤，在「樣式」功能區中，按下「設定格式化的條件」清單鈕，執行「醒目提示儲存格規則 / 大於」指令。

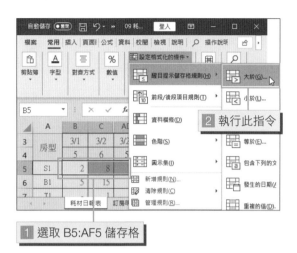

⑲ 在空白處輸入數值「20」，按下「顯示為」處的清單鈕，選擇「自訂格式」。

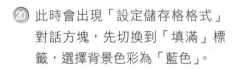

⑳ 此時會出現「設定儲存格格式」對話方塊，先切換到「填滿」標籤，選擇背景色彩為「藍色」。

㉑ 切換到「字型」標籤，選擇字型色彩為「白色」，按下「確定」鈕。

㉒ 再次確認後，按下「確定」鈕。

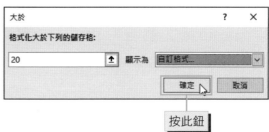

㉓ 重複步驟 18~22，依序將其他房型設定格式化條件。可按下「設定格式化的條件」清單鈕，執行「管理規則」指令，來查看設定的條件是否正確。

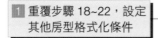

㉔ 出現「設定格式化的條件規則管理員」對話方塊，在「顯示格式化規則」處，選擇「這個工作表」，就會顯示作用工作表中的設定，確認無誤後，按下「確定」鈕，則回到工作表。

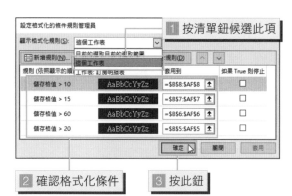

1 按清單鈕候選此項

2 確認格式化條件　　　3 按此鈕

㉕ 有些耗材是根據人數更換，有些可能是依據房間為單位做補充。本範例假設刮鬍刀與梳子是每房 1 份，衛生紙和香皂是每房 2 份，其餘品項則是依照人數。因此分別在 B12:B16 輸入公式「=B$10」（按一下 F4 鍵），B17:B18 輸入公式「=B$9」，B19:B20 輸入公式「=B$9*2」，然後選取 B12:B20，拖曳複製公式到 AF12:20。

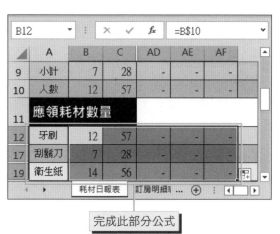

完成此部分公式

㉖ 最後依據該日實際使用的耗材數量，與應領的耗材數量，相差的數量記錄在差異數欄位中即可。

記錄實際使用與領用的差異數

單元 >>>>>>>
10

範例檔案：CHAPTER 02\10 設備保管明細表

設備保管明細表

設 備 保 管 明 細 表
中華民國107年12月31日

公司內部大大小小的機器設備、辦公設備可真不少，既然列為設備就要造冊保管，還要按期提列折舊。過了使用年限的設備，實際上大多還能再使用，但是帳目上就不能再列費用，是否要延長使用年限或是擇期報廢，都要視公司財務人員的規劃，保管人員只要善盡保管維護的責任，等使用年限到了，彙整資料提報給主管裁決。

範例步驟

① 一般公司的設備提列折舊多半都使用「直線法」，而預留的殘值是以耐用年限加一年，作為計算的基礎。請開啟範例檔「10 設備保管明細表 (1).xlsx」，選取 H4 儲存格，切換到「公式」功能索引標籤，在「函數庫」功能區中，按下「數學與三角函數」清單鈕，選擇「ROUND」函數。

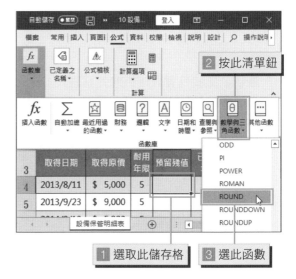

② 出現 ROUND 函數引數的對話方
塊，將游標插入點移到「Number」
處，先選取 F4 儲存格，由於本範
例是使用「格式化為表格」製作，
此時會顯示「[@ 取得原價]」，繼
續輸入「/(」，再選取 G4 儲存格，
此時會顯示「[@ 耐用年限]」，最
後 輸 入「+1)」；接 著 在「Num_
digits」處輸入「0」，表示要四捨
五入到整數位；按下「確定」
鈕。完整公式為「=ROUND([@ 取
得原價]/([@ 耐用年限]+1),0)」，
公式會自動複製到下方儲存格。

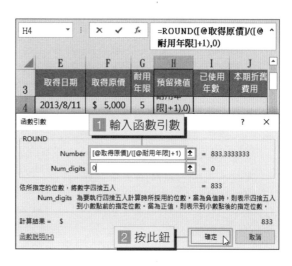

操作 MEMO　ROUND 函數

說明： 將數字四捨五入至指定的位數。

語法： ROUND(number, num_digits)

引數： ・Number（必要）。要四捨五入的數字。
　　　　　・Num_digits（必要）。對數字引數進位的位數。

Num_digits	進位方式
大於 0（零）	數字四捨五入到指定的小數位數
等於 0	將數字四捨五入到最接近的整數
小於 0	將數字四捨五入到小數點左邊的指定位數

---

③ 選取 I4 儲存格，繼續在「公式 \ 函
數庫」功能區中，按下 📅 日期和時間 ▾
「日期和時間」清單鈕，選擇執行
「YEARFRAC」函數。

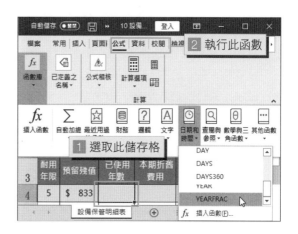

④ 開啟 YEARFRAC 函數引數的對話方塊，在「Start_date」處選取開始日期 E4 儲存格，顯示為「[@取得日期]」；在「End_date」處選取表頭日期 A2 儲存格，並按【F4】鍵使其變成絕對位址「$A$2」；接著在「Basis」處輸入「1」，以實際日曆天數做計算基礎；最後按下「確定」鈕。

操作 MEMO　YEARFRAC 函數

說明： 計算開始日與結束日間的完整天數。
語法： YEARFRAC(start_date, end_date, [basis])
引數：
- Start_date（必要）。代表開始日期。
- End_date（必要）。代表結束日期。
- Basis（選用）。使用的日計數基礎類型。

Basis	日計數基礎
0 或省略	美制 (NASD) 30/360
1	實際 / 實際
2	實際 /360
3	實際 /365
4	歐制 30/360

⑤ 對於不常使用的函數常常會忘記，這時候使用者只要輸入關鍵字或簡單的敘述，Excel 就會提供相關的函數，作為參考。選取 J4 儲存格，在「公式\函數庫」功能區中，執行「插入函數」指令。

⑥ 在搜尋函數處輸入關鍵字「直線折舊」，按下「開始」鈕。

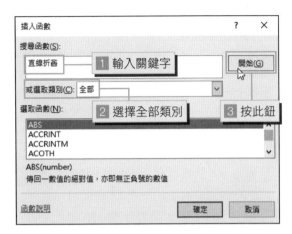

⑦ 出現 3 個建議採用的函數，選擇「SLN」函數，按下「確定」鈕。

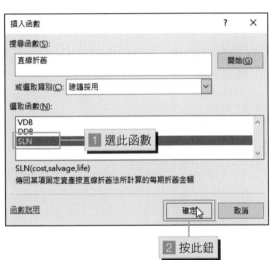

⑧ 開啟 SLN 函數引數的對話方塊，分別在 Cost、Salvage、Life 引數位址選取 F4、H4 和 G4 儲存格，按下「確定」鈕。使 J4 儲存格公式為「=SLN(F4,H4,G4)」，也就是本期折舊費用「=SLN([@ 取得原價],[@ 預留殘值],[@ 耐用年限])」。

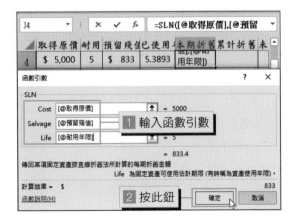

操作 MEMO　　**SLN 函數**

說明：　傳回某項資產按直線折舊法所計算的每期折舊金額。

語法：　SLN(cost, salvage, life)

引數：　・Cost（必要）。資產取得的原始成本。
　　　　　・Salvage（必要）。資產的殘值。
　　　　　・Life（必要）。固定資產的使用年限。

---

⑨ 選取 K4 儲存格輸入公式「=SLN
(F4,H4,G4)*I4-J4」，也就是累計
折舊「=SLN([@ 取得原價],[@ 預
留殘值],[@ 耐用年限])*[@ 已使用
年數]-[@ 本期折舊費用]」。

選取 L4 儲存格輸入公式「F4-J4-
K4」，也就是未折減餘額「=[@ 取
得原價]-[@ 本期折舊費用]-[@ 累
計折舊]」。

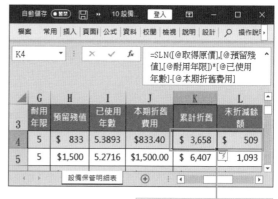

分別在此儲存格輸入公式

⑩ 在正常的折舊期間，這樣的公式
一定是正確無誤的，但是已屆年
限或剛購入的設備，當期的折舊

周期都未滿一年，都會有超額認列的問題。這時候就要利用 IF 函數來判定已使用
年數是否未滿一年或已經超過耐用年限，而給予不同的計算公式。

因此選取 J4 儲存格，修改公式為
「=IF([@ 已使用年數]<1,ROUND
(SLN([@ 取得原價],[@ 預留殘值],
[@ 耐用年限])*[@ 已使用年數],0),
IF([@ 已使用年數]>5,ROUND(SLN
([@ 取得原價],[@ 預留殘值],[@ 耐
用年限])*([@ 已使用年數]-[@ 耐用
年限]),0),ROUND(SLN([@ 取 得 原
價],[@ 預留殘值],[@ 耐用年限]),0)))」

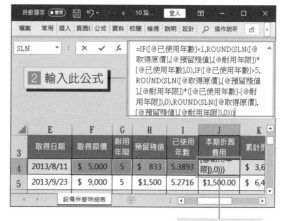

2 輸入此公式

1 選此儲存格

操作 MEMO　IF 函數

說明：IF 函數在指定的條件結果為真（TRUE）時，會傳回一個值，而在結果為假（FALSE）時傳回另一個值。

語法：IF(logical_test, [value_if_true], [value_if_false])

引數：・Logical_test（必要）。指定的條件，可為 TRUE 或 FALSE 的任何值或運算式。

　　　・Value_if_true（選用）。TRUE 時要傳回的值。

　　　・Value_if_false（選用）。FALSE 時要傳回的值。

　　　・最多可使用 64 層 IF 函數。

⑪ 累計折舊也會因為未滿一年和超過年限有所不同。修改的公式中除了加上 IF 條件外，還加上 ROUND 函數，讓折舊的數字不會因為小數點的影響，而更精確。

因此修改 K4 儲存格公式為「=IF([@ 已使用年數]<1,ROUND(SLN([@ 取得原價],[@ 預留殘值],[@ 耐用年限])*[@ 已使用年數],0),IF([@ 已使用年數]>5,ROUND(SLN([@ 取得原價],[@ 預留殘值],[@ 耐用年限])*[@ 耐用年限],0),ROUND(SLN([@ 取得原價],[@ 預留殘值],[@ 耐用年限])*[@ 已使用年數],0)))-[@ 本期折舊費用]」。

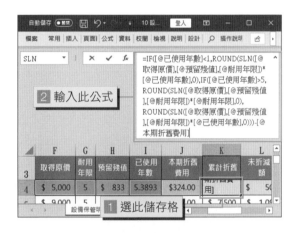

⑫ 最後將已使用年限這個過度欄位隱藏起來，增加表格的專業度。選取整欄 I，切換到「常用」功能索引標籤，在「儲存格」功能區中，按下「格式」清單鈕，執行「隱藏及取消隱藏 \ 隱藏欄」指令。

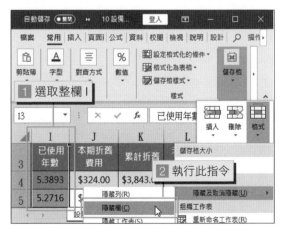

NOTES

3

零用金管理系統

單元 >>>>>>>>

11 支出證明單

範例檔案：CHAPTER 03\11 支出證明單

公司行號的費用支出都需要有記帳憑證，一般來說都要在發票或收據上，登載公司的統一編號，才能在稅務上核銷費用。但是偏偏有些地方的消費，是無法開立發票或收據的，例如傳統市場，這時候就需要由請購人自行出具支出證明單，經由主管同意認可，作為公司內部的記帳憑證。

範例步驟

1. 為了讓表格輸入更加便利，使用資料驗證功能製作下拉式清單的方法相當普遍，但是清單的來源有多種方式。請開啟範例檔「11 支出證明單 (1).xlsx」，選取 E2 儲存格，切換到「資料」功能索引標籤，在「資料工具」功能區中，按下「資料驗證」清單鈕，執行「資料驗證」指令。

2. 開啟「資料驗證」對話方塊，在「設定」標籤中的「儲存格內允許」項下，選擇「清單」選項，將游標插入點移到「來源」空白處，切換到「準則項目」工作表，選取 B2:B7 儲存格，按下「確定」鈕。

③ 自動回到「支出證明單」工作表，E2 儲存格旁出現 ▼ 清單鈕，按下則會顯示下拉式清單選項。

④ 清單選項除了直接選取儲存格作為資料來源外，也可以先定義儲存格範圍，然後使用已定義的名稱。請先切換到「準則項目」工作表，選取 A1 儲存格，切換到「公式」功能索引標籤，在「已定義之名稱」功能區中，執行「定義名稱」指令。

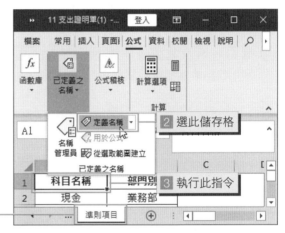

⑤ 開啟「新名稱」對話方塊，「名稱」處會自動顯示 A1 儲存格的名稱，「參照到」也會顯示「= 準則項目 !$A$1」。按下「參照到」旁的 ↥ 摺疊鈕，重新選取儲存格範圍。

⑥ 重新選取儲存格範圍 A2:A18 儲
　存格，按下⬇展開鈕。

⑦ 確認名稱及範圍後，按下「確
　定」鈕結束定義新名稱。

⑧ 切換回「支出證明單」工作表，
　選取 C3 儲存格，再次執行「資
　料驗證」指令，開啟「資料驗
　證」對話方塊。在「設定」標籤
　中的「儲存格內允許」項下選擇
　「清單」，將游標移到「來源」
　空白處，切換到「公式」功能索
　引標籤，按下「用於公式」清單
　鈕，選擇「科目名稱」。

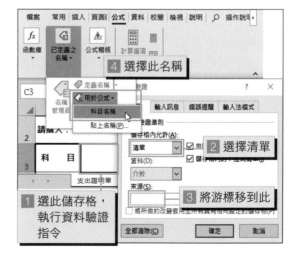

⑨ 確認來源名稱後,按下「確定」
　鈕。

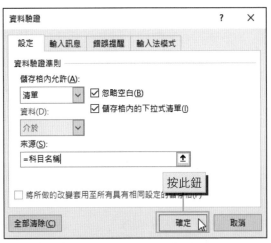

⑩ C3 儲存格同樣也出現下拉式清單
　選項。正式的單據上面,金額的
　部分大多使用中文大寫金額,可
　增加竄改數字的難度。接著選取
　F3 儲存格,切換到「常用」功能
　索引標籤,在「數值」功能區
　中,按下右下角的展開鈕,利
　用儲存格數值格式,修改成大寫
　金額。

也出現下拉式清單選項

⑪ 開啟「設定儲存格格式」對話方
　塊,在「數值」標籤中選擇「特
　殊」類別,先行選擇「壹貳參
　肆…」類型,按下「確定」鈕。

⑫ 在 F3 儲存格輸入任何數字，顯示的方式為大寫數字，但是沒有新台幣或是元整的字樣。按滑鼠右鍵開啟快顯功能表，執行「儲存格格式」指令，再次開啟「設定儲存格格式」對話方塊。

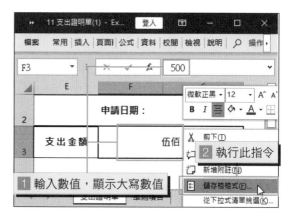

⑬ 在「數值」標籤中選擇「自訂」類別，「類型」處會顯示「[DBNum2] [$-zh-TW]G/ 通用格式」字樣。在此樣式前方加上「新台幣 $」，後方加上「元整」，使類型顯示「新台幣 $[DBNum2][$-zh-TW]G/ 通用格式元整」，按下「確定」鈕。

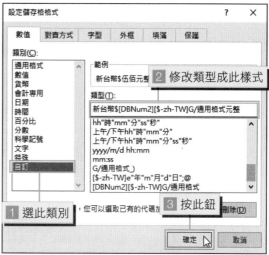

⑭ 再次在 F3 儲存格輸入數值，儲存格內則顯示自訂的類型。接著按下「檔案」功能標籤。

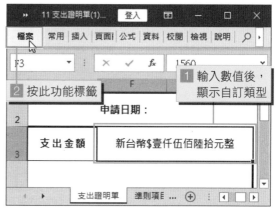

⑮ 切換到「列印」索引標籤，從預覽窗格中可以看出表格靠向左方，執行「版面設定」指令來作修正。

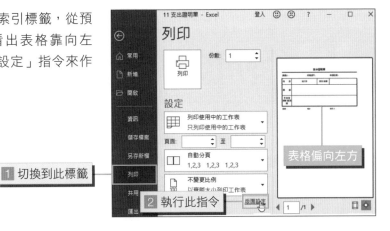

1 切換到此標籤

2 執行此指令

表格偏向左方

⑯ 開啟「版面設定」對話方塊，切換到「邊界」標籤，勾選「水平置中」的置中方式，按下「確定」鈕。

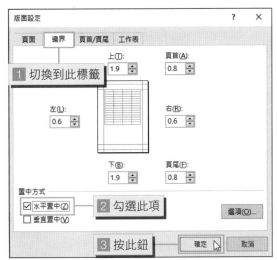

1 切換到此標籤

2 勾選此項

3 按此鈕

⑰ 回到「列印」視窗，表格在紙張的正中間，看起來比較美觀。

表格水平置中

單元 >>>>>>
12
⬇ 範例檔案：CHAPTER 03\12 零用金傳票

零用金傳票

常用的記帳傳票可分成三種，轉帳傳票、現金收入傳票和現金支出傳票。零用金的設置是為了方便小額收支，免去複雜的請購請款流程，因為實際往來對應的都是現金，所以現金收入傳票和現金支出傳票也可以視為零用金傳票，用來作為零用金帳簿的記帳憑證。現金收入傳票和現金支出傳票兩者表格內容相似，最主要的差異在現金收入傳票的現金科目在借方，現金支出傳票的現金科目在貸方，而相對應的科目則相反。

範例步驟

① 請開啟範例檔「12 零用金傳票(1).xlsx」，選取 A2 儲存格，切換到「資料」功能索引標籤，在「資料工具」功能區中，執行「資料驗證」指令。

② 開啟「資料驗證」對話方塊，在
「設定」標籤中的「儲存格內允
許」項下選擇「清單」，將游標移
到「來源」空白處，直接輸入文
字「現金支出傳票,現金收入傳
票」（其中「,」必須使用英數輸
入法），按下「確定」鈕。

③ 選取 K4 儲存格，切換到「公
式」功能索引標籤，在「函數
庫」功能區中，按下 ☑ 邏輯▾「邏
輯」清單鈕，選擇執行「IF」函
數。

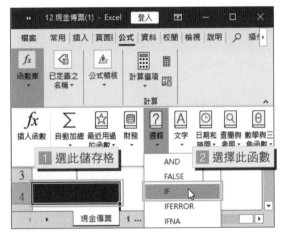

④ 開啟 IF 函數引數對話方塊，在
Logical_test 引數處輸入「A2="
現金收入傳票"」，Value_if_true
引數處輸入「"貸方金額"」，
Value_if_false 引數處輸入「"借
方金額"」，輸入完按下「確定」
鈕。使 K4 儲存格公式為「=IF
(A2=" 現金收入傳票 "," 貸方金額
"," 借方金額 ")」。

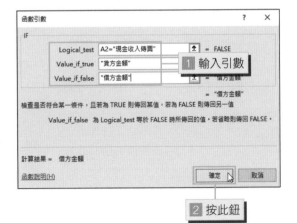

⑤ 當 A2 儲存格選擇「現金收入傳票」時，K4 儲存格則顯示「貸方金額」，否則一律顯示「借方金額」。

按清單鈕選此項

顯示貸方金額

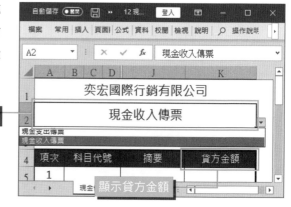

⑥ 光是文字上的改變恐怕還不夠明顯區分是收入或是支出，不妨設定格式化的條件，利用填滿色彩的不同，作為更顯著的區隔。先選取 A4:K4 儲存格，按住【Ctrl】鍵，繼續選取 A15 儲存格，切換到「常用」功能索引標籤，在「樣式」功能區中，按下「設定格式化的條件」清單鈕，執行「新增規則」指令。

1 選取此範圍

2 按住【Ctrl】鍵再選取儲存格

3 執行此指令

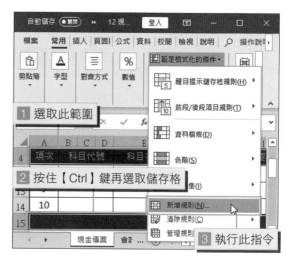

⑦ 開啟「新增格式化規則」對話方塊，選擇「使用公式來決定要格式化哪些儲存格」類型，將游標移到「編輯規則說明」空白處，先輸入公式開頭「=IF(」，按下 ⬆ 「摺疊」鈕。

1 選此規則類型

2 先輸入公式開頭

3 按此鈕

8 選取「現金傳票」工作表中 A2
儲存格,按下 ▼「展開」鈕回到
「新增格式化規則」對話方塊。

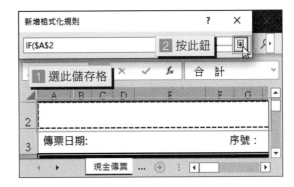

9 繼續輸入未完成的公式「="現金
收入傳票",TRUE,FLASE)」鈕,
按下「格式」鈕。

10 開啟「設定儲存格格式」對話方
塊,切換到「填滿」標籤,選擇
「紅色」背景色彩後,按下「確
定」鈕。

⑪ 確認公式為「=IF($A$2=" 現金收入傳票",TRUE,FLASE)」，按下「確定」鈕。

1 確認條件公式

2 按此鈕

⑫ 當 A2 儲存格選擇為現金收入傳票時，標題的填滿色彩會從藍色變成紅色。

表格標題會由藍變紅

選此傳票

⑬ 經常製作傳票的人員，對於公司常用的會計科目代號，簡直是熟到倒背如流。這時候輸入代號，就能自動帶出會計科目，會比使用下拉式清單選項來得方便。請開啟範例檔「12 零用金傳單 (2).xlsx」，繼續在「現金傳票」工作表，選取 E5 儲存格，切換到「公式」功能索引標籤，在「函數庫」功能區中，按下 🔍▾「查閱與參照」清單鈕，選擇執行「VLOOKUP」函數。

2 按此清單鈕

1 選此儲存格　3 執行此函數

⑭ 開啟 VLOOKUP 函數引數對話方塊，將游標移到 Lookup_value 引數空白處，選取 B5 儲存格，然後按下 Table_array 旁的 🔼「摺疊」鈕。

⑮ 切換到「會計科目表」工作表，選取整欄 A:B，按下 🔽「展開」鈕。

⑯ 回到函數引數對話方塊，繼續在 Col_index_num 處輸入「2」，在 Range_lookup 處輸入「0」，按下「確定」鈕。

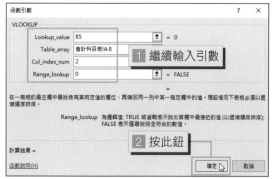

⑰ 將公式複製到下方儲存格，當輸入科目代號時，就會自動出現科目名稱。但是沒輸入代號的儲存格，則會出現錯誤訊息。

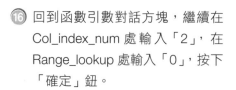

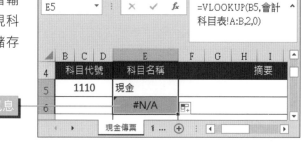

操作 MEMO　　VLOOKUP 函數

說明：　搜尋儲存格範圍（範圍：工作表上的兩個或多個儲存格。範圍中的儲存格可以相鄰
　　　　或不相鄰。）的第一欄，從相同範圍同一列的任何儲存格傳回一個符合條件的值。
　　　　VLOOKUP 中的 V 代表「垂直」。

語法：　VLOOKUP(lookup_value, table_array, col_index_num, [range_lookup])

引數：　將資訊提供給動作、事件、方法、屬性、函數或程序的值。

　　　　・Lookup_value（必要）。第一欄中所要搜尋的值。

　　　　・Table_array（必要）。這是包含資料的儲存格範圍，但是 Lookup_value 所搜尋的值
　　　　　必須在 table_array 的第一欄。

　　　　・Col_index_num（必要）。在 table_array 中傳回相對應值的欄號。

　　　　・Range_lookup（選用）。用以指定 VLOOKUP 要尋找完全符合（FLASE）或大約符
　　　　　合值（TRUE）的邏輯值。

---

⑱ 將游標插入點移到 E5 儲存格的
資料編輯列，將公式加上 IF 判
斷式，當科目代號為空白時，
科目名稱就顯示成空白，否則
就顯示 VLOOKUP 函數參照的
結果，修正後公式為「=IF(B5=
""，""，VLOOKUP(B5, 會 計 科 目
表 !A:B,2,0))」，複製到下方儲存
格即可。

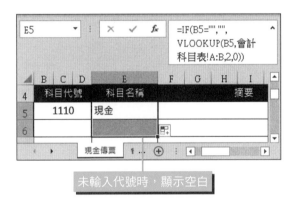

未輸入代號時，顯示空白

13 零用金管理系統

奕宏國際行銷有限公司										
零用金帳						零用金餘額	$	2,490		
年	月	日	科目代號	科目名稱	部門別	摘要	憑證種類	收入金額	支出金額	費用	進項稅額

零用金帳可視為會計日計帳的一部分，主要在記錄零星小額的花費，實質上比較像一般個人的收支流水帳。零用金管理的重點在於詳實記錄費用支出，當然也需要注意是否收支平衡，如果能將費用依部門別歸類，還可以作為各部門成本控管的重要指標。

範例步驟

① 請開啟範例檔「13 零用金管理系統 (1).xlsx」，先切換到「準則」工作表，先定義後續將要使用的名稱。選取 A1:D12 儲存格，切換到「公式」功能索引標籤，在「已定義之名稱」功能區中，執行「從選取範圍建立」指令。

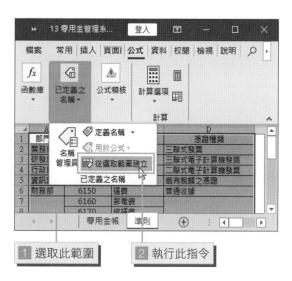

1 選取此範圍　　2 執行此指令

② 開啟「以選取範圍建立名稱」對話方塊，僅勾選「頂端列」，其餘的皆取消勾選，按下「確定」鈕。

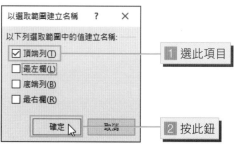

1 選此項目　　2 按此鈕

③ 如果想知道到底定義了哪些範圍名稱，可以在「已定義之名稱」功能區中，執行「名稱管理員」指令，查看及修改已定義的名稱範圍。

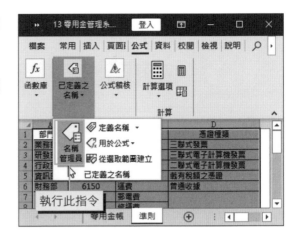

④ 開啟「名稱管理員」對話方塊，顯示剛剛建立的範圍名稱。選擇「部門別」名稱，按下「編輯」鈕。

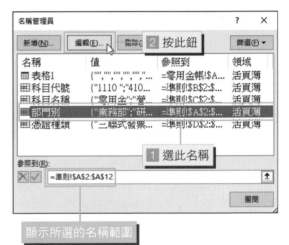

⑤ 另外又開啟「編輯名稱」對話方塊，將參照範圍由「= 準則 !$A$2:$A$12」修改成「= 準則 !$A$2:$A$6」，按下「確定」鈕。

⑥ 接著選擇「憑證種類」名稱，直接將插入點移到下方「參照到」的位置，修改參照範圍由「12」修改成「6」，使參照位址變成「= 準則 !$D$2:$D$6」，修改完成後按下☑「確定」鈕，然後按下「關閉」鈕回到工作表。

⑦ 最後再定義一個範圍名稱，選取 B2:C12 儲存格範圍，繼續在「已定義之名稱」功能區中，執行「定義名稱」指令。

⑧ 開啟「新名稱」對話方塊，在名稱處輸入「會計科目」，確認參照範圍無誤後，按下「確定」鈕。

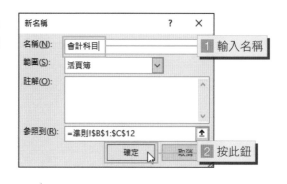

⑨ 切換到「零用金帳」工作表，選取 E4 儲存格，在「函數庫」功能區中，按下「查閱與參照」清單鈕，選擇執行「VLOOKUP」函數。

⑩ 將游標插入點移到 Lookup_value 空白處，選取 D4 儲存格。接著將游標插入點移到 Table_array 空白處，在「已定義之名稱」功能區中，按下「用於公式」清單鈕，選擇插入「會計科目」名稱。

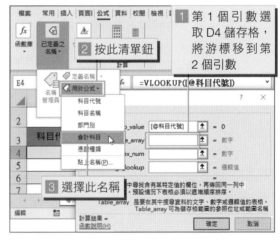

⑪ 繼續完成未完的引數後，按下「確定」鈕，完整公式為「=VLOOKUP([@ 科目代號], 會計科目 ,2,0)」。

⑫ 為避免未輸入科目代碼而顯示錯誤訊息，將 E4 儲存格參照公式加上 IF 函數判斷。
E4 儲存格公式為「=IF([@ 科目代號]="","",VLOOKUP([@ 科目代號], 會計科目 ,2,0))」。

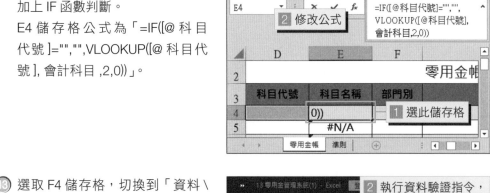

⑬ 選取 F4 儲存格，切換到「資料 \ 資料工具」功能區，執行「資料驗證」指令。開啟「資料驗證」對話方塊，選擇儲存格內允許「清單」項目，然後將游標插入點移到來源處，切換到「公式 \ 已定義之名稱」功能區，插入「用於公式 \ 部門別」名稱，按下「確定」鈕。依相同方法完成 H4 儲存格的憑證種類下拉式清單。

⑭ 接著在 K4 儲存格輸入公式「=IF([@ 支出金額]="","",IF([@ 憑證種類]=" 普通收據 ",[@ 支出金額],ROUND([@ 支出金額]/1.05,0)))」。
第 1 層 IF 函數用來判斷支出金額是否有輸入，如果沒有輸入 (空白)，就顯示空白；如果有輸入，就進入第 2 層 IF 函數。第 2 層 IF 函數判斷憑證種類是否為不含營業稅的普通收據，如果是普通收據，就直接顯示支出的金額；如果為其他含有營業稅的憑證，就計算出不含稅額的費用。ROUND 函數是用來計算四捨五入後不含稅額的費用。

⑮ 選取 L4 儲存格輸入公式「=IF([@
支出金額]="","",[@支出金額]-
[@費用])」。

IF 函數用來判斷支出金額是否有
輸入，如果沒有輸入（空白），就
顯示空白；如果有輸入就計算進
項稅額，也就是「支出金額 - 費
用」。

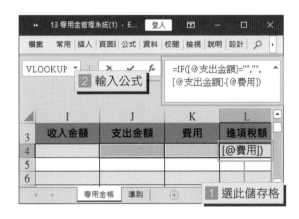

⑯ 隨意輸入數值測試公式正確無誤。

⑰ 最後要顯示零用金餘額，請開啟
範例檔「13 零用金管理系統 (2).
xlsx」，切換到「零用金帳」工作
表，範例中已經預先輸入一些資
料，供使用者練習。選取 J2 儲存
格，切換到「公式」功能索引標
籤，在「函數庫」功能區，按下
「自動加總」鈕，選取加總範圍
為 I4:I23，此時加總範圍會變成
「表格 1[收入金額]」。

⑱ 然後將插入點移到「=SUM(表格
1[收入金額])」後方，輸入「-」
號，按下「數學與三角函數」清
單鈕，選擇執行「SUM」函數。

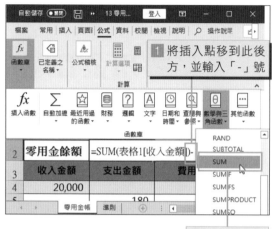

⑲ 開啟 SUM 函數引數對話方塊，
在 範 圍 1 中 選 取 加 總 範 圍 為
J4:J23，也就是「表格 1[支出金
額]」，按下「確定」鈕。

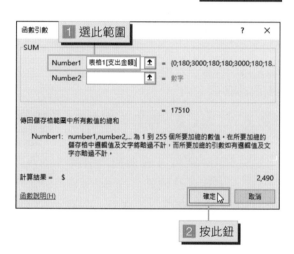

⑳ 零用金餘額的完整公式為「=SUM
(表 格 1[收 入 金 額])-SUM(表 格
1[支出金額])」。

單元 >>>>>>> 14　零用金管理系統說明

⬇ 範例檔案：CHAPTER 03\14 零用金管理系統說明

零用金管理系統不僅只有一個人會使用，有時候因為職務調動，或是人員異動，零用金管理可能會換人做做看，職務上交接事項繁多，難免會有誤漏的地方，最好的方法就是製作操作手冊，或是直接在零用金帳工作表上，寫上注意事項，這樣就能指導其他使用者操作系統。

範例步驟

① 零用金剩下多少時要準備請領？不妨設置提醒訊息，讓使用者一目了然。請開啟範例檔「14 零用金管理系統說明 (1).xlsx」，切換到「零用金帳」工作表，選取 I2:J2 儲存格，切換到「公式」功能索引標籤，在「已定義之名稱」功能區中，執行「從選取範圍建立」指令。

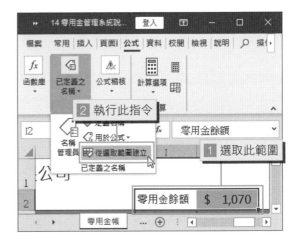

② 僅勾選「最左欄」，按下「確定」鈕。

③ 選取 A2 儲存格，在「函數程式庫」功能區中，按下「邏輯」清單鈕，執行選擇「IF」函數。

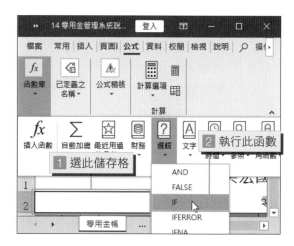

④ 開啟 IF 函數引數對話方塊，將游標插入點移到第 1 個引數，在「已定義之名稱」功能區中，按下「用於公式」清單鈕，選擇執行「零用金餘額」定義名稱。

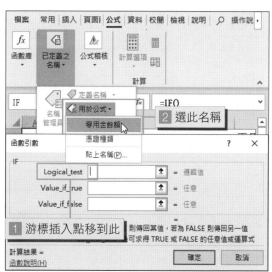

⑤ 繼續輸入第 1 個引數「<300」，輸入第 2 個引數「" 快透支了！"」，將游標插入點移到第 3 個引數，按下資料編輯列上「名稱方塊」旁的下拉式清單鈕，選擇 IF 函數。

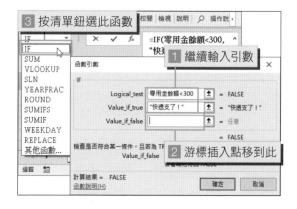

⑥ 開啟第 2 層 IF 函數的函數引數對話方塊，輸入函數引數為「IF(零用金餘額 >=6000," 零用金充足 "," 準備請款了！")」，按「確定」鈕。

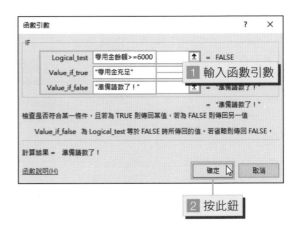

⑦ A2 儲存格完整公式為「=IF(零用金餘額 <300," 要透支了！",IF(零用金餘額 >=6000," 零用金充足 "," 準備請款了！"))」。

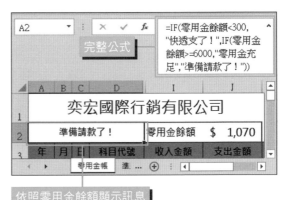

⑧ 選取 E4 儲存格，切換到「校閱」功能索引標籤，在「註解」功能區中，執行「新增註解」指令。

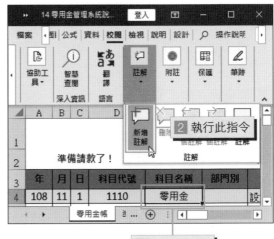

⑨ 出現註解的文字方塊，輸入文字後，按下 ▷「張貼」鈕。

⑩ E4 儲存格右上方會出現紫色標記，表示此儲存格含有註解；將游標移到 E4 儲存格上方則會顯示註解。

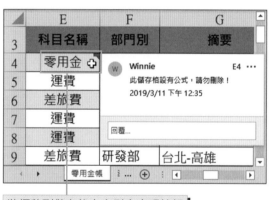

TIPS ▶ 如果不小心忘記按下 ▷「張貼」鈕，在檔案尚未儲存之前，儲存格右上方依舊會顯示註解標記。將游標移到該儲存格，若要保留則按下「張貼」鈕，若不想保留則按下右上角的 ✕「取消」鈕。

⑪ 使用者可以依據實際狀況輸入註解，如果想要一次檢視註解內容，只需要執行「顯示所有註解」指令。請開啟範例檔「14 零用金管理系統説明 (2).xlsx」，切換到「零用金帳」工作表，切換到「校閱」功能索引標籤，在「註解」功能區中，執行「顯示註解」指令。

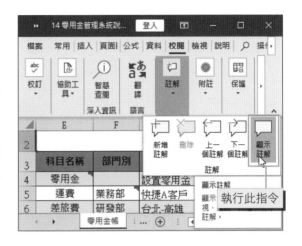

TIPS 你也可以按下功能索引標籤最右方的 「註解」圖示鈕，也可以開啟「註解」工作窗格。

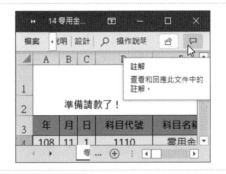

⑫ 開啟「註解」工作窗格，其中會顯示工作表中的所有註解資訊。選擇 K3 儲存格的註解，按下「編輯」鈕。

開啟註解工作窗格

選此註解並按下編輯鈕

⑬ 此時註解文字會反白顯示，選取要修改的文字，將「這兩」欄修改成「本」欄，按下「儲存」鈕。

修改註解文字並按下儲存鈕

⑭ 由於 Office 365 提供良好的雲端共用環境，文件可以放上雲端供其他人共同編輯，當然也可以利用註解來進行校閱更正。選取 F5 空白儲存格，「註解」窗格立即顯示該註解訊息，原來空白處要選擇「業務部」。

選此儲存格，選擇業務部　　顯示註解訊息

⑮ 既然問題已經解決了，註解也沒有存在的必要性，此時按下 ⋯ 「其他對話動作」鈕，執行「刪除對話」指令，該儲存格的註解就會被刪除。

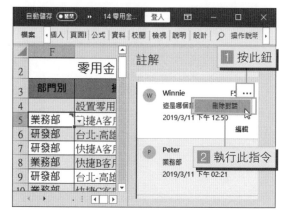

⑯ 如果是開啟使用舊版 Excel 編輯的工作表，就會發現儲存格 (J4) 右上角有紅色三角型的標記，這是註解嗎？但是卻在註解窗格遍尋不到它的蹤影。其實這是舊版的註解，在 Excel 365 已經變成「附註」功能，只要切換到「校閱」功能索引標籤，在「附註」功能區中按下「附註」清單鈕，執行「轉換成註解」指令。

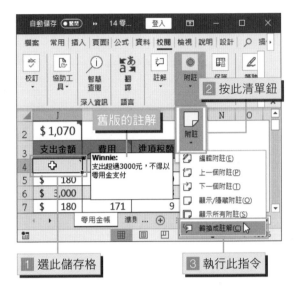

⑰ 開啟詢問對話方塊，按下「轉換所有附註」鈕。

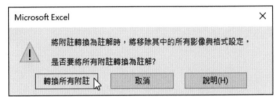

⑱ 改以 Excel 365 形式的註解顯示。

⑲ 通常零用金支出金額都有一定的限制，超過金額的支出，就要另外採用請購流程。假設本範例限制金額為 3000 元，所以「支出金額」欄位就設定超過時，系統就強制不行輸入。選取 J4:J53 儲存格，切換到「資料」功能索引標籤，執行「資料驗證」指令。

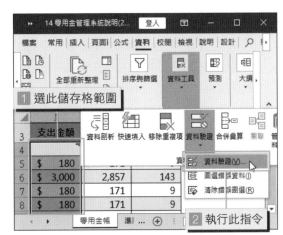

⑳ 開啟「資料驗證」對話方塊，先在「設定」標籤中設定驗證準則，儲存格內允許選擇「整數」，資料「小於或等於」，最大值「3000」。先 " 不要 " 按「確定」鈕。

㉑ 切換到「輸入訊息」標籤，勾選「當儲存格被選取時，顯示輸入訊息」，標題輸入「注意輸入金額！」，輸入訊息輸入「零用金支出不得超過 3000 元」。

㉒ 切換到「錯誤提醒」標籤，勾選「輸入的資料不正確時顯示警訊」，樣式選用「停止」，標題輸入「請重新輸入！」，訊息內容輸入「支出超過限額」，按下「確定」鈕。

㉓ 當選取支出金額輸入欄位時，就會出現剛剛設定的提示訊息；當輸入金額大於 3000 元時，則會出現錯誤訊息對話方塊，要求使用者重新輸入金額。

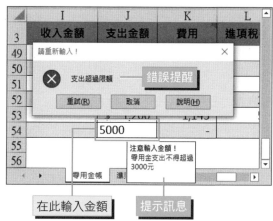

範例檔案：CHAPTER 03\15 零用金撥補表

單元 >>>>>>>
15 零用金撥補表

奕宏國際行銷有限公司

零用金撥補表

支出項目			
	申請月份　2月份		
科目名稱	費用	稅額	支出金額
文具印刷	876	876	$　　1,752
差旅費	5,714	5,714	$　　11,428
運費	2,223	2,223	$　　4,446
郵電費	550	550	$　　1,100
修運費	1,143	1,143	$　　2,286
損含費	2,381	2,381	$　　4,762
水電費	-	-	$　　-
保險費	-	-	$　　-
交際費	2,500	2,500	$　　5,000
支出項目小計			$　　30,774

收入項目	
科目名稱	收入金額
其他收入	350
收入項目小計	$　　350

本月申請撥補金額	$　　30,424

零用金的撥補除了在特殊狀況時，一般來說都是每個月結算一次，月底匯集整個月的支出，請款將零用金補足到當初設置的金額。請款時，連帶將收到的發票一併交付，作為營業稅的進項稅額憑證，因此習慣上也會列印出零用金日記帳作為明細。

範例步驟

① 零用金撥補表也算是一份正式表格，所以申請月份的部分，就不能只顯示單一數字。請開啟範例檔「15 零用金撥補表 (1).xlsx」，切換到「零用金撥補表」工作表，選取 D3 儲存格，按滑鼠右鍵，開啟快顯功能表，執行「儲存格格式」指令。

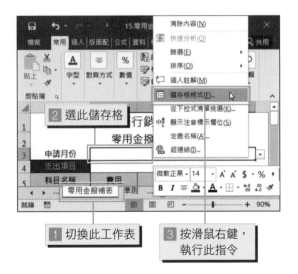

2 選此儲存格

1 切換此工作表

3 按滑鼠右鍵，執行此指令

② 開啟「設定儲存格格式」對話方塊，在「數值」標籤中，選擇「自訂」類別，在類型處「通用格式」後方加上文字「"月份"」，按下「確定」鈕。

③ 切換到「準則」工作表，選取 I2 儲存格，切換到「公式」功能索引標籤，在「已定義之名稱」功能區中，按下「用於公式」清單鈕，執行「申請月份」指令。（本範例已將大部份的範圍名稱定義完成，詳細名稱範圍，請參考名稱管理員）

④ 繼續在「準則」工作表，選取 G1 儲存格，在「已定義之名稱」功能區中，執行「定義名稱」指令。

⑤ 開啟「新名稱」對話方塊，自動
將選取儲存格的內容「準則 1」
設定為名稱，重新選取參照範圍
「H1:I2」儲存格，按下「確定」
鈕。

⑥ 切換到「零用金撥補表」工作
表，選取 B5 儲存格，切換到
「公式」功能索引標籤，在「函
數庫」功能區中，執行「插入函
數」指令。

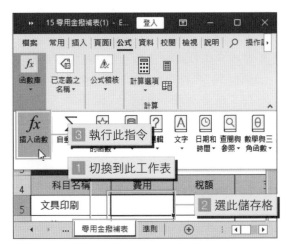

⑦ 開啟「插入函數」對話方塊，選
擇「資料庫」類別中的「DSUM」
函數，按「確定」鈕。

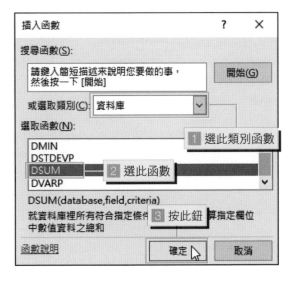

⑧ 開啟函數引數對話方塊，將游標
插入點移到第 1 個引數空白處，
按下「用於公式」清單鈕，執行
「零用金帳」指令。

⑨ 繼續完成 DSUM 函數引數，Field
處輸入「" 費用 "」，Criteria 處執
行「用於公式 \ 準則 1」指令。
完整公式為「DSUM(零用金帳 ,"
費用 ", 準則 1)」。

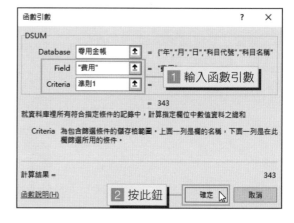

操作 MEMO　**DSUM 函數**

說明： 將清單或資料庫的記錄欄位（欄）中，符合指定條件的數字予以加總。

語法： DSUM(database, field, criteria)

引數： 將資訊提供給動作、事件、方法、屬性、函數或程序的值。

　　　　・Database（必要）。指的是組成清單或資料庫的儲存格範圍，第一列必須是標題列。

　　　　・Field（必要）。指出所要加總的欄位名稱，可以使用雙引號括住的欄標題，如 " 費
　　　　　用 " 或 " 收入 "，或是代表欄在清單中所在位置號碼，如 1 代表第一欄。

　　　　・Criteria（必要）。這是含有指定條件的儲存格範圍。

⑩ 為了避免遇到 DSUM 函數計算出的結果是錯誤訊息，照慣例加上 IF 判斷式以及檢測錯誤訊息的函數。將公式修改成「=IF (ISERROR(DSUM(零用金帳," 費用 ", 準則 1)),0,(DSUM(零用金帳," 費用 ", 準則 1)))」。

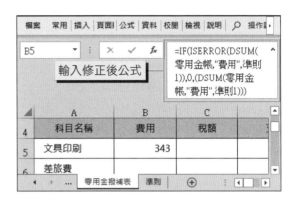

ISERROR 函數用來檢查 DSUM 函數計算出來的值是否為錯誤訊息，如果是錯誤訊息就會傳回 TRUE 值，所以當 IF 函數判斷為 TRUE 值時，則顯示「0」；如果 ISERROR 函數檢查 DSUM 函數的計算值不是錯誤訊息，就會傳回 FALSE 值，所以當 IF 函數判斷為 FALSE 值時，則顯示 DSUM 函數的計算值。

操作 MEMO　ISERROR 函數

說明： 檢查指定函數的值，並根據結果傳回 TRUE 或 FALSE。

語法： ISERROR(value)

引數： ・Value（必要）。就是要檢查的值。Value 指的是任何一種錯誤值（#N/A、#VALUE!、#REF!、#DIV/0!、#NUM!、#NAME? 或 #NULL!）。

---

⑪ 將 B5 儲存格公式複製到下方儲存格 B6:B13，並依照下表修改公式內對照的準則名稱。將已經修改完成的 B5:B13 儲存格公式，複製到 C5:C13 儲存格。不用逐一將公式中的「費用」修改成「進項稅額」，只要善用「取代」功能，選取 C5:C13 儲存格，切換到「常用」功能索引標籤，在「編輯」功能區中，按下「尋找與選取」清單鈕，執行「取代」指令。

科目名稱	公式
文具印刷	=IF(ISERROR(DSUM(零用金帳," 費用 ", 準則 1)),0,(DSUM(零用金帳," 費用 ", 準則 1)))
差旅費	=IF(ISERROR(DSUM(零用金帳," 費用 ", 準則 2)),0,(DSUM(零用金帳," 費用 ", 準則 2)))
運費	=IF(ISERROR(DSUM(零用金帳," 費用 ", 準則 3)),0,(DSUM(零用金帳," 費用 ", 準則 3)))
郵電費	=IF(ISERROR(DSUM(零用金帳," 費用 ", 準則 4)),0,(DSUM(零用金帳," 費用 ", 準則 4)))

科目名稱	公式
修繕費	=IF(ISERROR(DSUM(零用金帳 ," 費用 ", 準則 5)),0,(DSUM(零用金帳 ," 費用 ", 準則 5)))
廣告費	=IF(ISERROR(DSUM(零用金帳 ," 費用 ", 準則 6)),0,(DSUM(零用金帳 ," 費用 ", 準則 6)))
水電費	=IF(ISERROR(DSUM(零用金帳 ," 費用 ", 準則 7)),0,(DSUM(零用金帳 ," 費用 ", 準則 7)))
保險費	=IF(ISERROR(DSUM(零用金帳 ," 費用 ", 準則 8)),0,(DSUM(零用金帳 ," 費用 ", 準則 8)))
交際費	=IF(ISERROR(DSUM(零用金帳 ," 費用 ", 準則 9)),0,(DSUM(零用金帳 ," 費用 ", 準則 9)))

⑫ 開啟「尋找及取代」對話方塊，在尋找目標輸入「" 費用 "」，在取代成輸入「" 進項稅額 "」，按下「全部取代」鈕。

⑬ 顯示已經取代的數量，按下「確定」鈕。

⑭ 選取 C6 儲存格查看，稅額的公式已經修改成「=IF(ISERROR(DSUM(零用金帳 ," 進項稅額 ", 準則 2)),0,(DSUM(零用金帳 ," 進項稅額 ", 準則 2))) 」。

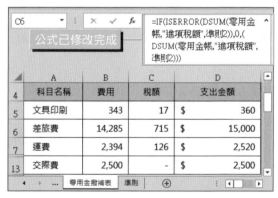

⑮ 最後在 D18 儲存格輸入「其他收入」的公式「=IF(ISERROR(DSUM(零用金帳 ," 收入金額 ", 準則 10)),0,(DSUM(零用金帳 ," 收入金額 ", 準則 10))) 」，就完成零用金撥補表。

4

人事資料系統

單元 >>>>>>> ⬇ 範例檔案：CHAPTER 04\16 員工資料表

16 員工資料表

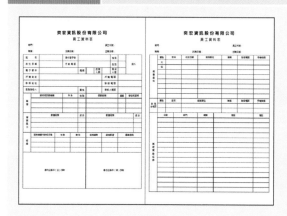

員工資料表的欄位多又複雜，許多人在繪製表單時，都是習慣從上而下循列繪製，但是越是複雜的表格，事先分析表單的工作越是不能省略。因為 EXCEL 每一個儲存格都是有名稱的單一個體，表單欄位可以依據需求將合併過後的儲存格再解散，但是不能從單一儲存格分割為二個儲存格，這一點和 Word 大不相同。

範例步驟

① 先規劃員工資料表每一列需要 16 個儲存格，請開啟新活頁簿檔案，依照下表欄位輸入標題欄位文字，並將標題及資料欄位格式依假設條件設定完成。

標題欄位	儲存格位置		標題欄位	儲存格位置	
名稱	標題	資料	名稱	標題	資料
姓名	A5:B5	C4:E4	身分證字號	F5:G5	H5:K5
出生日期	A6:B6	C5:E5	性別	L5	M5
行動電話	F6:G6	H6:K6	血型	L6	M6
電子郵件	A7:B8	C7:G7	婚姻	H7	I7
戶籍地址	A8:B8	C8:J8	扶養人數	J7	K7
戶籍電話	K8:L8	M8:O8	眷保人數	L7	M7
連絡地址	A9:B9	C9:J9	緊急連絡人	A10:B10	C10:G10
連絡電話	K9:L9	M9:O9	連絡人電話	K10:L10	M10:O10
關係	H10	I10:J10	照片	N4:P8	

② 標題欄位儲存格格式設定採用水平：「分散對齊」、縮排「1」，垂直：「置中對齊」，並設定文字「自動換列」。
而資料欄位採用水平：「靠左對齊」，垂直：「置中對齊」。

③ 請開啟範例檔「16 員工資料表(1).xlsx」，本範例已將步驟 1 設定完成，按下欄與列標題交界處的 ◢ 選取鈕，選取整張工作表，接著將游標移到欄標題位置，按下滑鼠右鍵開啟快顯功能表，執行「欄寬」指令。

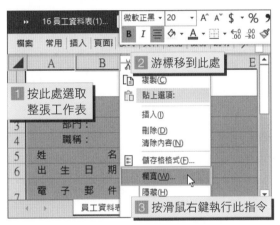

④ 開啟「欄寬」對話方塊，設定新欄寬為「6.2」，按「確定」鈕。

⑤ 選取整列 3:10 儲存格範圍，將游標移到列標題，按下滑鼠右鍵，執行「列高」指令。

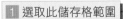
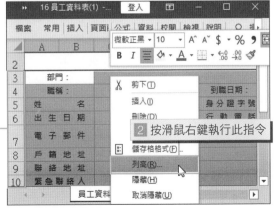

⑥ 開啟「列高」對話方塊,設定新
列高為「31.8」,按「確定」鈕。

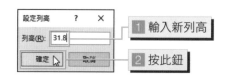

⑦ 性別不需要輸入資料,只要設定
公式,參照身分證字號數字部分
第一碼就能得知。選取 M5 儲存
格,切換到「公式」功能索引標
籤,在「函數庫」功能區中,按
下「文字」清單鈕,執行插入
「MID」函數。

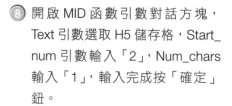

⑧ 開啟 MID 函數引數對話方塊,
Text 引數選取 H5 儲存格,Start_
num 引數輸入「2」,Num_chars
輸入「1」,輸入完成按「確定」
鈕。

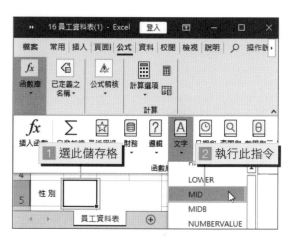

⑨ 完成公式為「MID(H5,2,1)」,當
輸入任一組身分證字號,MID 函
數就會傳來從第 2 個字元開始的
1 個字元,也就是代表性別的第
一個數字。

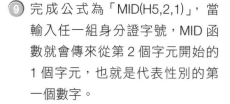

> **操作 MEMO** 　**MID 函數**
>
> **說明：** 從文字字串所指定的位置開始，傳回指定字元數的文字。
> **語法：** MID(text, start_num, num_chars)
> **引數：** 將資訊提供給動作、事件、方法、屬性、函數或程序的值。
> ・Text（必要）。被擷取的文字字串。
> ・Start_num（必要）。被擷取之第一個字元的位置。
> ・Num_chars（必要）。指定要傳回的字元數。

⑩ 但是這只是傳回文字 1 或 2，如果要顯示男或女，就要使用 IF 函數來輔助。請修改公式為「=IF(H5="","",IF(MID(H5,2,1)="1"," 男 ",IF(MID(H5,2,1)="2"," 女 "," 輸入錯誤，請重新輸入 ")))」。

第 1 層 IF 函數先判定是否有輸入身分證字號，如果沒有就顯示空白；第 2 層就判定傳回的文字是否為「1」，如果是就顯示「男」；第 3 層就判定傳回的文字是否為「2」，如果是就顯示「女」，如果都不是就顯示「輸入錯誤，請重新輸入」。要特別注意的是，MID 函數傳回來的 1 或 2 是文字格式，所以 IF 函數要判定時，一定要加上 " " 引號表示文字，否則就無法正確判斷。

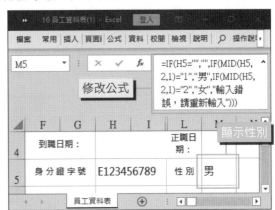

⑪ 雖然 Excel 無法判斷輸入的身分證字號是否符合政府的規範，但是號碼的長度可以用資料驗證來查核。選取 H5 儲存格，切換到「資料」功能索引標籤，在「資料工具」功能區中，按下 「資料驗證」清單鈕，執行「資料驗證」指令。

開啟「資料驗證」對話方塊，儲存格內允許「文字長度」，資料「等於」，長度「10」，按下「確定」鈕。

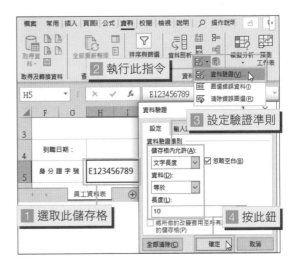

⑫ 選取 M6 儲存格，切換到「常用」功能索引標籤，在「儲存格」功能區中，按下「格式」清單鈕，執行「儲存格格式」指令。

⑬ 開啟「設定儲存格格式」對話方塊，在「數值」索引標籤中，選擇「自訂」類別，輸入自訂類型「@" 型 "」，按「確定」鈕。

⑭ 檢視剛剛設定的步驟，身分證號長度超過會出現錯誤訊息；血型選擇 O 會顯示 O 型。

⑮ 員工資料表最複雜的部分處理完，剩下的相較之下就比較工整簡單，請開啟「16員工資料表(2).xlsx」。選取 A15 儲存格，按滑鼠右鍵執行「儲存格格式」指令，開啟「設定儲存格格式」對話方塊，切換到「對齊方式」索引標籤，選擇文字方向為垂直文字後，按「確定」鈕。

⑯ 要讓文字變成直向文字還有另一個 ✏ ▾「方向」快速鈕，選取 A19 儲存格，切換到「常用」功能索引標籤，按下「方向」清單鈕，選擇執行「垂直文字」指令。

⑰ 除了預覽列印外，還可以利用不同的活頁簿檢視模式來看看表格是否超出頁面。切換到「檢視」功能索引標籤，在「活頁簿檢視」功能區中，執行「分頁預覽」指令。

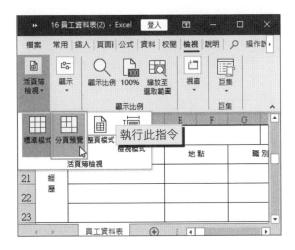

⑱ 工作表中會出現分頁線,目前被分成 4 頁。切換到「頁面配置」功能索引標籤,按下「寬度」清單鈕,選擇將寬度調整至「1頁」。

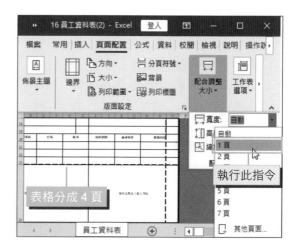

⑲ 此時會自動縮放比例為「95%」讓寬度維持 1 頁寬長度不變,但是因為縮小的關係,原本貼身分證欄位在第 2 頁,現在被分配到第 1 頁。按下「版面設定」功能區右下角的 ⬚「展開」鈕,設定跨頁標題列。

⑳ 開啟「版面設定」對話方塊,切換到「工作表」索引標籤中,在列印標題項下將標題列設定為整列「$1:$4」,按下「確定」鈕。

㉑ 分頁模式下的第二頁標題沒有重複?切換到「檢視」功能索引標籤,執行「整頁模式」指令,使用整頁模式看看列印後的樣子。

分頁預覽下不會顯示重複的標題

㉒ 列印時第二頁果真會出現重複的標題列。

整頁模式可顯示列印文件的樣式

單元 >>>>>> 17　人事資料庫

⬇ 範例檔案：CHAPTER 04\17 人事資料庫

員工基本資料檔

員工編號	姓名	身分證字號	性別	年	月	日	行動電話	聯絡地址	區碼	聯絡電話
C001	林O希	Q220***340	女	71	10	27	0599-000-123	高雄市岡山區健民南路	(07)	999-8801
C002	梁O儀	A120***232	男	63	5	25	0599-000-124	高雄市鳳山區中山西路	(07)	999-8802
C003	向O婷	B120***892	男	70	8	13	0599-000-125	高雄市前鎮谷前三意	(07)	999-8803
C004	林O慧	A220***704	女	76	10	15	0599-000-126	高雄市新興區中庸街	(07)	999-8804
C005	劉O凱	B120***760	男	71	9	23	0599-000-127	高雄市左營區大雞一路	(07)	999-8805
C006	陶O宇	B120***464	男	73	7	11	0599-000-128	高雄市前鎮區鎮路	(07)	999-8806
I001	王O君	A120***164	男	75	6	23	0599-000-129	高雄市仁武區文學路	(07)	999-8807
I002	張O佑	A120***096	男	66	2	10	0599-000-130	高雄市三民區十都街	(07)	999-8808
I003	趙O廷	A126***947	男	68	12	21	0599-000-131	高雄市三民區陽明路	(07)	999-8809
P001	林O儀	A226***700	女	67	5	19	0599-000-132	高雄市三民區水源路	(07)	999-8810
P002	向O理	A226***031	女	78	11	10	0599-000-133	高雄市三民區新民路	(07)	999-8811
P003	陶O臻	A226***667	女	67	11	31	0599-000-134	高雄市新興區仁愛一路	(07)	999-8812
P004	林O辰	A226***061	男	78	11	27	0599-000-135	高雄市三民區建工路	(07)	999-8813
P005	趙O羚	A226***907	女	74	12	20	0599-000-136	高雄市三民區鼎新路	(07)	999-8814
P006	王O晴	A220***708	女	72	7	19	0599-000-137	高雄市苓雅區自圖路	(07)	999-8815
P007	向O婷	A224***390	女	73	1	19	0599-000-138	高雄市三民區大裕路	(07)	999-8816
P008	柯O安	A223***371	女	65	1	24	0599-000-139	高雄市三民區進元路	(07)	999-8817
R001	林O怡	A226***780	女	66	5	15	0599-000-140	高雄市三民區鼎角路	(07)	999-8818
R002	陳O尹	A226***087	女	69	1	18	0599-000-141	高雄市鼓山區本館路	(07)	999-8819
S001	陳O成	A126***708	男	64	4	19	0599-000-142	高雄市鳳山市光華路	(07)	999-8820
S002	劉O理	B120***610	男	75	11	26	0599-000-143	高雄市三民區新民路	(07)	999-8821
S003	趙O翔	A126***470	男	67	7	12	0599-000-144	高雄市鳳山區五甲二路	(07)	999-8822
S004	向O育	A126***763	男	68	4	14	0599-000-145	高雄市苓雅區南嘉街	(07)	999-8823
S005	林O瑜	A226***282	男	70	10	15	0599-000-146	高雄市前鎮區鳳平路	(07)	999-8824
S006	劉O庭	B120***373	男	75	11	2	0599-000-147	高雄市三民區鼎河二街	(07)	999-8825
S007	陳O綾	A220***777	男	75	8	3	0599-000-148	高雄市三民區五福二路	(07)	999-8826
C007	胡O碩	U123***456	男	70	1	20	0599-000-214	高雄市鳳山區中正路	(07)	999-8851

員工資料填寫完畢後，處理人事資料的人員就要將員工的基本資料建檔，由於員工資料表內容繁多，建議利用 Excel 有多個工作表的特性，將不同類別的資料，分成多個工作表建檔，以方便管理。人事資料檔可以應用的範圍很廣，可以用來搜尋當月壽星、製作通訊錄、計算年資，甚至薪資計算都相關，因此十分重要。

範例步驟

① 請開啟範例檔「17 人事資料庫 (1) .xlsx」，首先使用函數由身分證字號來判定性別。選取 D3 儲存格，輸入公式「=IF(RIGHT(LEFT (C3,2),1)="1"," 男 "," 女 ")」。

函數 LEFT(C3,2) 會傳回來身分證字號從左邊數來前 2 個字元，也就是「Q2」；函數 RIGHT(LEFT (C3,2),1)，也就是 RIGHT("Q2",1) 會傳回來「Q2」的最後 1 個字元

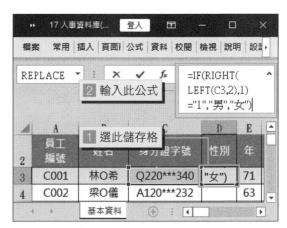

也就是「"2"」，最後再由 IF 函數判斷，如果是「"1"」就是男性，如果不是就是女性。這裡是假設身分證字號輸入正確的情況下，性別只有 1 和 2 的區分，並未考慮其他因素。由於 LEFT 和 RIGHT 函數都是文字函數，傳回的數值也都是文字格式。

操作 MEMO　　**LEFT 函數**

說明： 傳回文字字串中的第一個字元或前幾個字元。

語法： LEFT(text, [num_chars])

引數： 將資訊提供給動作、事件、方法、屬性、函數或程序的值。

　　　　・Text（必要）。想要擷取的文字字串。

　　　　・Num_chars（選用）。指定想要擷取的字元數。必須大於或等於零。如果大於 text 的長度，會傳回所有文字。如果省略，則會假設其值為 1。

操作 MEMO　　**RIGHT 函數**

說明： 傳回文字字串的最後字元或從右邊開始的幾個字元組。

語法： RIGHT(text,[num_chars])

引數： 將資訊提供給動作、事件、方法、屬性、函數或程序的值。

　　　　・Text（必要）。想要擷取的文字字串。

　　　　・Num_chars（選用）。指定想要擷取的字元數。

---

② 選取 H3 儲存格，切換到「常用」功能索引標籤，按下「數值」功能區右下角的展開鈕，開啟「儲存格格式」對話方塊。

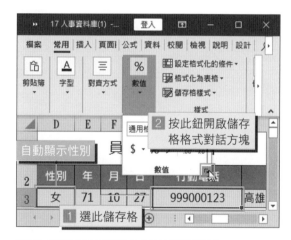

③ 開啟「設定儲存格格式」對話方塊，在「數值」標籤中選擇「特殊」類別，並選擇「行動電話、呼叫器號碼」類型後，按「確定」鈕。

④ 由於目前家用電話依區域有 6 碼、7 碼和 8 碼，而區碼也有 2 碼和 3 碼的差異，使用 Excel 預設的電話格式並不能全部適用。請選取 J3 儲存格，並開啟「設定儲存格格式」對話方塊，在「數值」標籤中選擇「自訂」類別，自訂數值格式為「(0##)」，按「確定」鈕。

⑤ 接著選取 K3 儲存格，再次開啟「設定儲存格格式」對話方塊，同樣在「數值」標籤中選擇「自訂」類別，自訂數值格式為「###-####」，按「確定」鈕。

⑥ 將上述步驟的儲存格設定，用格式填滿儲存格的方式，讓表格內容更整齊一致。

	D	H	J	K
2	性別	行動電話	區碼	聯絡電話
3	女	0999-000-123	(07)	999-8801
4	男	0999-000-124	(07)	999-8802
5	男	0999-000-125	(07)	999-8803
6	女	0999-000-126	(07)	999-8804
7	男	0999-000-127	(07)	999-8805
8	男	0999-000-128	(07)	999-8806

基本資料

自訂格式結果如圖

⑦ 輸入員工資料除了可以在工作表上直接登打外，也可以利用表單輸入，所以要使用一項不在功能區的功能。請開啟範例檔「17 人事資料庫 (2).xlsx」，切換到「檔案」功能視窗，按下「選項」鈕。

⑧ 開啟「Excel 選項」對話方塊，選擇「自訂功能區」，選擇「常用」主要索引標籤，按下「新增群組」鈕。

⑨ 在常用索引標籤中出現「新增群組（自訂）」的功能區。選擇「不在功能區的命令」中的「表單」命令，按下「新增」鈕。

⑩「表單」命令會出現在剛剛新增的自訂功能區群組中,按下「確定」鈕回到工作表區。

⑪ 切換到「常用」功能索引標籤,在「新增群組(自訂)」功能區中,執行「表單」指令。

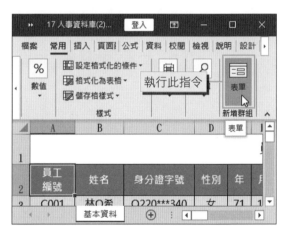

⑫ 出現「基本資料」對話方塊,表單中自動顯示工作表中第一筆資料,表單狀態中顯示目前資料的筆數及總筆數。按下「新增」鈕,新增一筆新的資料。

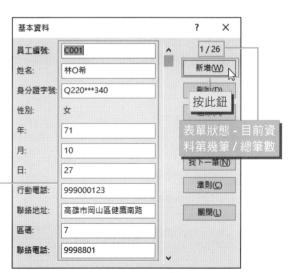

13 在空白表單中輸入新員工的基本
資料，輸入完成直接按「關閉」
鈕即可。

1 輸入新員工
基本資料

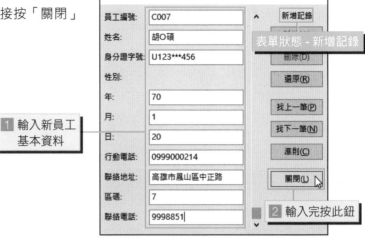

14 表單新增的資料會出現在工作表
最下方。表單除了可以新增資料
外，還有查詢功能，再次執行
「表單」指令鈕。

工作表下方新
增一筆資料

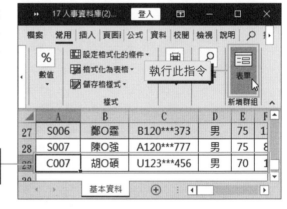

15 開啟「基本資料」對話方塊，按
「準則」鈕。

16 在姓名處輸入「梁」，查詢姓名中有梁字的人員，按下「找下一筆」鈕。

17 出現一名梁姓員工的基本資料，如果查詢資料有 2 筆以上，可以按「找下一筆」鈕或「找上一筆」鈕查看其他資料。結束表單功能按「關閉」鈕即可。

18 由於本範例工作表是使用「格式化為表格」功能製作而成，原本就有篩選按鈕，可以用來篩選工作表資料。請選取 A2 儲存格（或表格內任一儲存格），切換到「表格工具\設計」功能索引標籤，在「表格樣式選項」功能區中，勾選「篩選按鈕」選項，此時標題列就會出現篩選鈕。

⑲ 先來查詢看看林姓員工的基本資料，按下「姓名」旁的 ▾ 篩選鈕，直接在搜尋處輸入「林」，按下「確定」鈕。

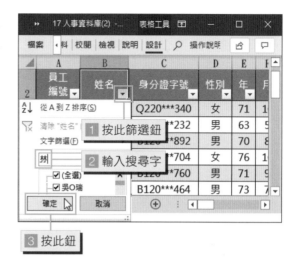

③ 按此鈕

⑳ 工作表中顯示所有林姓員工的基本資料。

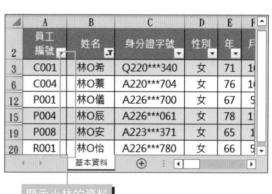

顯示小林的資料

㉑ 如果要查詢 11 及 12 月份的壽星，就要先取消姓名的篩選，才能重新查詢。按下「姓名」旁的 ▾ 篩選鈕，選擇「清除 " 姓名 " 的篩選」指令，或是勾選「全選」後，按下「確定」鈕。

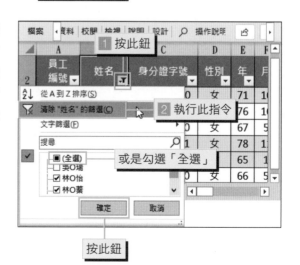

按此鈕

㉒ 按下「月」旁的 ▾ 篩選鈕,先取消勾選「全選」後,重新勾選「11」及「12」,按下「確定」鈕。

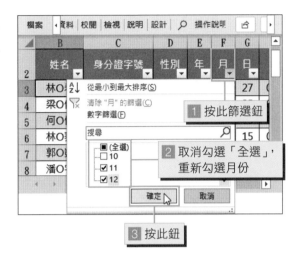

㉓ 顯示 8 筆 11、12 月份的壽星資料。除了單一條件的篩選外,還可以進行多條件的篩選,使用者不妨試試看。

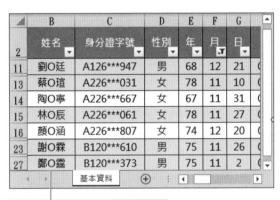

顯示 11、12 月份的壽星資料

單元 >>>>>>

18

⬇ 範例檔案：CHAPTER 04\18 員工通訊錄

員工通訊錄

員工資料庫從建立開始就一直記錄著所有員工的基本資料，但是公司難免會有員工離職，此時員工資料庫並不能將該名員工的資料刪除，只能用其他方式做註記。員工通訊錄可以依據員工資料庫的基本資料作為範本，將重要的個人資料刪除後，略加修改即可快速完成。

範例步驟

① 請開啟範例檔「18 員工通訊錄 (1).xlsx」，切換到「在職資料」工作表，利用輸入表格名稱，定義表格的範圍名稱。切換到「表格工具\設計」功能索引標籤，在「內容」功能區中，「表格名稱」空白處，輸入新的表格名稱「在職資料」。

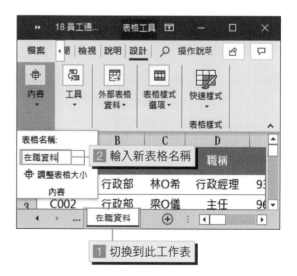

2 切換回「基本資料」工作表，選
取 L3 儲存格，切換到「公式」功
能索引標籤，在「函數庫」功能
區中，按下「查閱與參照」清單
鈕，執行「VLOOKUP」函數。

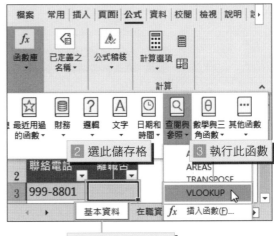

3 輸入 VLOOKUP 函數引數，使公
式為「=VLOOKUP([@ 員工編號],
在職資料 ,6,0)」，按「確定」
鈕。其中資料來源直接輸入「在
職資料」文字，Excel 就會參照到
步驟 1 所設定的資料工作表。

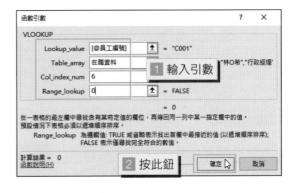

4 如果沒輸入離職日期的員工，
會出現「0」值，有輸入離職日
期的則會顯示其他數值，雖然
這樣已經足以辨識，但是不夠
美觀，因此可以將公式用 IF 函
數來修飾。將公式改成「=IF
(VLOOKUP([@ 員工編號], 在職資
料 ,6,0)=0,"","已離職 ")」即可。

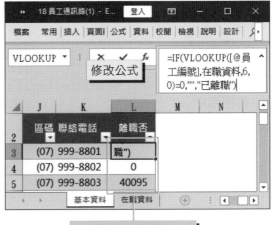

⑤ 將游標移到「基本資料」工作表標籤，按滑鼠右鍵開啟快顯功能表，執行「移動或複製」指令。

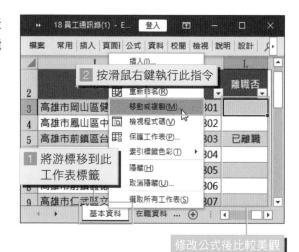

⑥ 出現「移動或複製」對話方塊，選擇複製到「基本資料」工作表之前，勾選「建立複本」，按下「確定」鈕。

⑦ 新增「基本資料 (2)」工作表。首先變更表頭名稱，選取 A1 儲存格，刪除原有名稱，重新輸入表頭名稱「員工通訊錄」。接著將游標移到「基本資料 (2)」工作表標籤，按滑鼠右鍵執行「重新命名」指令。

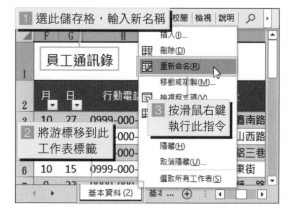

⑧ 在反白的工作表標籤輸入新名稱「員工通訊錄」，選取表格中的儲存格，切換到「表格工具\設計」功能索引標籤，在「表格樣式」功能區中，按下「快速樣式」，選取「亮綠色,表格樣式中等深淺3」樣式。

⑨ 接下來就要刪刪減減，將多餘的欄位及列位刪除，但在此之前要先將表格內容重新排序，切換到「資料」功能索引標籤，在「排序與篩選」功能區中，執行「排序」指令。

⑩ 先設定第1個排序條件，依照「離職否」，從「A~Z」排序，按下「新增層級」鈕。

⑪ 設定第2個排序條件，依照「員工編號」，從「A~Z」排序，按下「確定」鈕。

⑫ 選取整列 26:28，切換到「常用」功能索引標籤，在「儲存格」功能區中，按下「刪除」清單鈕，執行「刪除工作表列」指令。

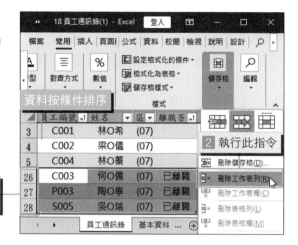

1 選取已離職員工資料列

⑬ 選取整欄 C:G，按下「刪除」清單鈕，執行「刪除工作表欄」指令。依相同方法刪除整欄 L（刪除後向左移動為欄 G）。

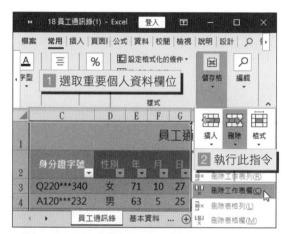

⑭ 員工通訊錄的內容資料已經處理完成，列印給同事之前，最好加上日期，方便確認是否為最新版，切換到「插入」功能索引標籤，在「文字」功能區中，執行「頁首及頁尾」指令。

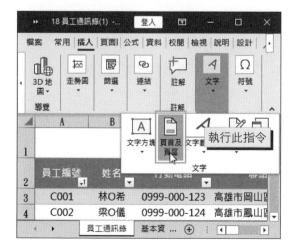

⑮ Excel 會自動變成整頁模式，並開
　啟「頁首及頁尾工具\設計」功
　能索引標籤。在頁首位置最右的
　欄位輸入文字「列印日期：」，在
　「頁首及頁尾項目」功能區中，
　執行「目前日期」指令。

⑯ 頁首設定完成，接著在「導覽」
　功能區中，執行「移至頁尾」指
　令。

⑰ 將游標插入點移到中間欄位，在
　「頁首及頁尾」功能區中，按
　下「頁尾」清單鈕，選擇「第 1
　頁，共 ? 頁」項目。

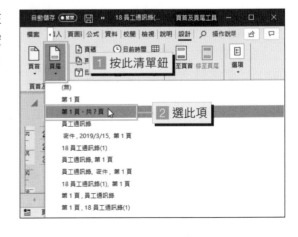

18 頁尾設定完成後，按下狀態列上的田「標準模式」鈕，可以回到標準模式的工作表檢視方式。

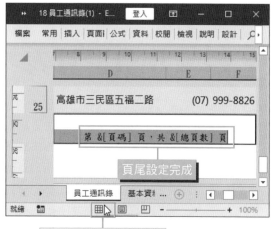

按此鈕回到標準工作表

19 另行將通訊錄版面設定完成，依照實際人數設定列印份數，按「列印」鈕即可。

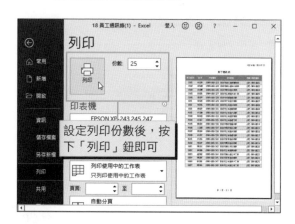

設定列印份數後，按下「列印」鈕即可

單元 >>>>>>

19 年資計算表

⬇ 範例檔案：CHAPTER 04\19 年資計算表

年資計算表

計算範圍至日期：民國一〇八年三月二十日

員工編號	部門	姓名	職稱	到職日期	年資
C001	行政部	林〇㛢	行政經理	93年11月15日	14
C002	行政部	梁〇盛	主任	96年11月1日	11
C004	行政部	林〇蓁	行政人員	100年11月1日	7
C005	行政部	郭〇凱	行政助理	103年8月15日	4
C006	行政部	潘〇宇	行政助理	103年9月15日	4
I001	資訊部	黃〇豪	資訊經理	95年2月15日	13
I002	資訊部	張〇佑	資訊主任	100年4月16日	7
I003	資訊部	劉〇廷	資訊人員	101年9月15日	6
P001	研發部	林〇涵	研發經理	93年3月15日	15
P002	研發部	蘇〇理	研發主任	95年9月30日	12
P004	研發部	林〇照	研發組長	99年4月15日	8
P005	研發部	顏〇涵	研發人員	99年6月30日	8
P006	研發部	王〇暐	研發人員	101年1月15日	7
P007	研發部	康〇婷	研發組長	101年2月16日	7
P008	研發部	林〇宏	研發人員	103年1月15日	5
R001	財務部	林〇怡	會計主任	92年8月1日	15
R002	財務部	絲〇尹	會計	104年7月16日	3
S001	業務部	陳〇斌	業務經理	93年11月30日	14
S002	業務部	謝〇樺	業務主任	100年9月1日	7
S003	業務部	盧〇捷	業務專員	101年4月15日	6
S004	業務部	陳〇青	業務專員	102年8月31日	5
S006	業務部	鄭〇蓉	業務專員	106年7月31日	1
S007	業務部	陳〇妤	業務專員	106年9月15日	1

員工通訊錄與員工基本資料關係密切，而員工年資的計算跟在職資料簡直就是密不可分，所以年資計算表就能使用在職資料修改而成。會使用年資的時間點大概只有幾個：計算年終獎金、計算特休天數和員工旅遊補助的時候，其中年終獎金和員工旅遊補助都會以一個特定日期為基準，只有特休天數的計算會依照不同公司規定而有不同的基準。

範例步驟

① 離職員工當然沒有年終獎金和特休這些福利，因此複製在職資料後，先要將已經離職的員工先行刪除。請開啟範例檔「19 年資計算表 (1).xlsx」，切換到「年資計算表」工作表。按下「離職日期」標題欄的篩選鈕，取消勾選「空格」，按下「確定」鈕。

1 按此標題篩選鈕

2 取消勾選「空格」

3 按此鈕

② 選取顯示的 3 列，按滑鼠右鍵開
啟快顯功能表，執行「刪除列」
指令。

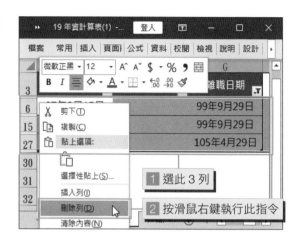

③ 工作表中沒有任何資料了，再次
按下「離職日期」標題欄的篩選
鈕，勾選「全選」(或「空格」)，
按下「確定」鈕。

④ 選取 F4 儲存格，切換到「公式」
功能索引標籤，在「函數庫」功
能區中，按下「日期和時間」清
單鈕，執行「YEAR」函數。

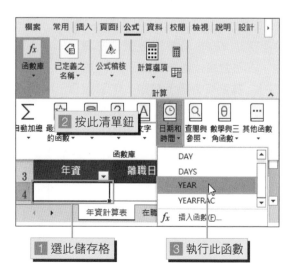

⑤ 開啟 YEAR 函數引數對話方塊，在引數欄位選取「C2」儲存格（已定義為「截止日」），按「確定」鈕。

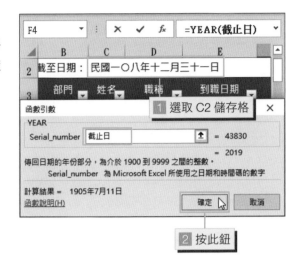

⑥ 在資料編輯列中，將游標插入點移到剛完成的公式後方，並輸入「-」減號。名稱方塊中會顯示最近使用過的函數，選擇再次執行 YEAR 函數。

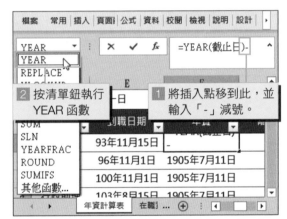

⑦ 開啟 YEAR 函數引數對話方塊，在引數欄位選取 E4 儲存格（格式化為表格會顯示標題「@到職日期」），按「確定」鈕。完整公式為「=YEAR(截止日)-YEAR([@到職日期])」。

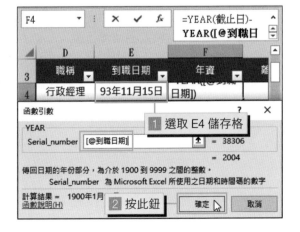

操作 MEMO　　YEAR 函數

說明： 傳回指定日期的年份。（年份會傳回成 1900-9999 範圍內的整數）

語法： YEAR(serial_number)

引數： 將資訊提供給動作、事件、方法、屬性、函數或程序的值。

　　　　・Serial_number（必要）。要傳回的指定日期。

⑧ 此時儲存格格式自動設為「日期」格式，所以計算完成的年資顯示成日期。選取 F4:F26 儲存格，切換到「常用」功能索引標籤，在「數值」功能區中，按下「日期」旁下拉式清單鈕，選擇「一般」數值格式。

⑨ 顯示出員工的年資。看起來似乎公式沒有問題，但是如果日期截止日不在年底，而是在年中，就會出現未滿整年，而被多計算的情形。

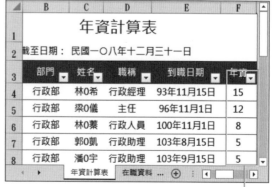

⑩ 先將截止日改成 2019/4/30，滿
一年以上的員工會被多計一年。
如果將全部年資減 1 年，未滿一
年的員工就會出現負年資的情況。

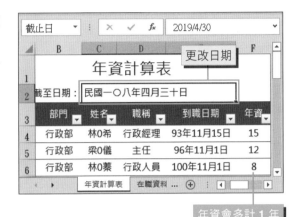

年資會多計 1 年

⑪ 選取 F4 儲存格區將在原來的公
式後方加上 IF 函數公式，判斷
到職日是否大於截止日，如果是
就減少 1 年，如果不是就減 0。
因此公式變成「=YEAR(截止日)-
YEAR([@ 到 職 日 期])-IF([@ 到 職
日 期]>=DATE(YEAR([@ 到 職 日
期]),MONTH(截 止 日),DAY(截 止
日)),1,0)」，完成後按下「輸入」

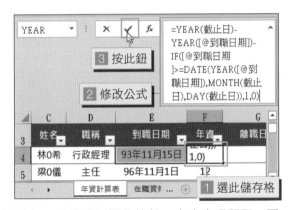

鈕。由於截止年一定會大於或等於到職年，直接用日期作比較一定會出現問題，因
此利用 DATE 函數重新組合日期，將年份統一為到職年，加上截止月日，用這個新
的日期和到職日期比較，才能正確判斷。

操作 MEMO　　**DATE 函數**

說明： 傳回代表特定日期的連續序列值。

語法： DATE(year,month,day)

引數： 將資訊提供給動作、事件、方法、屬性、函數或程序的值。

　　　　・Year（必要）。可以包含一到四位數。建議以西元年為基準，以免錯誤。

　　　　・Month（必要）。代表全年 1 到 12（一月至十二月）的整數。

　　　　・Day（必要）。代表整個月 1 至 31 日的整數。

操作 MEMO　DAY 函數

說明： 傳回指定日期的日數。（日數為 1-31）

語法： DAY(serial_number)

引數： 將資訊提供給動作、事件、方法、屬性、函數或程序的值。

　　　　・Serial_number（必要）。要傳回的指定日期。

操作 MEMO　MONTH 函數

說明： 傳回指定日期的月份。（月份為 1-12）

語法： MONTH(serial_number)

引數： 將資訊提供給動作、事件、方法、屬性、函數或程序的值。

　　　　・Serial_number（必要）。要傳回的指定日期。

---

⑫ 再次將儲存格數值格式變更成「一般」格式。不論截止日在哪一天，都能正確計算出年資。

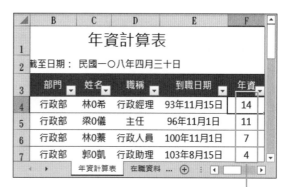

> 任何截止日都能正確計算年資

⑬ 想要知道即時的員工年資，又不想經常修改截止日，不妨利用 NOW 函數，可隨時傳回電腦系統最即時的日期。請選取 C2 儲存格，切換到「公式」功能索引標籤，在「函數庫」功能區中，按下「日期和時間」清單鈕，執行「NOW」函數。

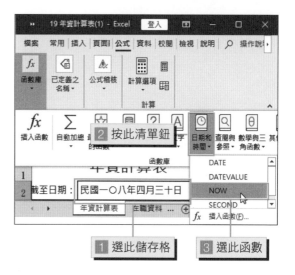

⑭ 出現 NOW 函數引數對話方塊，
按下「確定」鈕，這樣開啟檔案
就可以知道員工的即時年資。

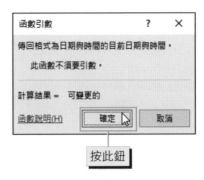

單元 >>>>>>
20　員工特別休假表

範例檔案：CHAPTER 04\20 員工特別休假表

員工特別休假表

計算截至日期：民國一〇八年三月二十一日

員工編號	部門	姓名	職稱	到職日期	年資	特休天數
C001	行政部	林〇梅	行政經理	93年11月15日	14	19
C002	行政部	吳〇潔	主任	96年11月1日	11	16
C004	行政部	林〇蔓	行政人員	100年11月1日	7	14
C005	行政部	郭〇凱	行政助理	103年8月15日	4	10
C006	行政部	潘〇華	行政助理	103年9月15日	4	10
I001	資訊部	黃〇霖	資訊經理	95年2月15日	13	18
I002	資訊部	張〇佐	資訊主任	100年4月16日	7	14
I003	資訊部	劉〇廷	資訊人員	101年9月15日	6	14
P001	研發部	林〇鋒	研發經理	93年3月15日	15	20
P002	研發部	賴〇霖	研發主任	95年9月30日	12	17
P004	研發部	林〇辰	研發組長	99年4月15日	8	14
P005	研發部	賴〇劭	研發人員	99年6月30日	8	14
P006	研發部	王〇維	研發人員	101年1月16日	7	14
P007	研發部	林〇婷	研發組長	101年2月16日	7	14
P008	研發部	林〇安	研發人員	103年1月15日	5	14
R001	財務部	林〇祐	會計主任	92年8月1日	15	20
R002	財務部	沈〇尹	會計	104年7月16日	3	10
S001	業務部	陳〇成	業務經理	93年11月30日	14	19
S002	業務部	施〇森	業務主任	100年9月1日	7	14
S003	業務部	盧〇琪	業務專員	101年4月15日	6	14
S004	業務部	劉〇廷	業務專員	102年8月31日	5	14
S006	業務部	鄭〇鎮	業務專員	106年7月31日	1	7
S007	業務部	陳〇雄	業務專員	106年9月15日	1	7
合計					7.826087	327

員工在公司努力工作，除了賺取微薄的薪資外，最開心的無非是年終獎金和每年的特別休假，年終獎金得看公司老闆的心情及業績，但是特別休假是有勞基法明文規定，如果不讓員工休假，員工可是保有檢舉的權利。

範例步驟

① 請開啟範例檔「20 員工特別休假表 (1).xlsx」，切換到「準則」工作表，依照勞基法的規定，將員工特別休假的規定列表備用，切換到「表格工具\設計」功能索引標籤，在「內容」功能區中，將已經格式化為表格的名稱改成「特休準則」。

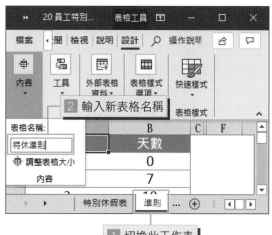

> TIPS 勞基法第 38 條規定：勞工在同一僱主或事業單位，繼續工作滿一定期間者，每年應依規定給予特別休假：
>
> 1. 半年以上未滿一年者 3 日。
> 2. 一年以上三年未滿者 7 日。
> 3. 三年以上五年未滿者 14 日。
> 4. 五年以上十年未滿者 15 日。
> 5. 十年以上者，每一年加給 1 日，加至 30 日為止。

② 切換回「特別休假表」工作表，這裡要使用另一個 YEARFRAC 時間函數，搭配無條件捨去法的 INT 函數，計算員工的年資。選取 F4 儲存格，執行「公式 \ 函數庫 \ 數學與三角函數 \INT」函數。

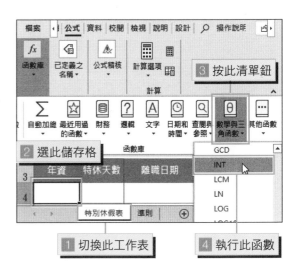

③ 開啟 INT 函數引數對話方塊，將游標插入點移到引數 Number 的位址，按下最近使用過的函數清單鈕，選擇「YEARFRAC」函數。（此函數於第 10 章使用過，若無顯示請先在日期及時間函數中先執行一次，刪除後再進行本步驟）

操作 MEMO	INT 函數

說明： 將數字無條件捨位至最接近的整數。

語法： INT(number)

引數： 將資訊提供給動作、事件、方法、屬性、函數或程序的值。

　　　　・Number（必要）。要無條件捨位至整數的實數。

④ 另外開啟 YEARFRAC 函數引數對話方塊，在 Start_date 引數選取 E4 儲存格 ([@ 到職日期])、End_date 引數選取 C2 儲存格（截止日）及 Basis 輸入「1」，完成後按「確定」鈕。完整公式為「=INT(YEARFRAC([@ 到職日期],截止日 ,1))」。

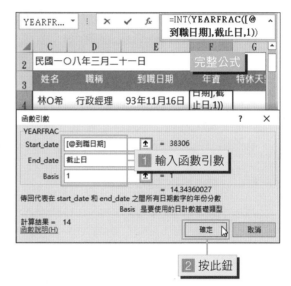

⑤ 接著選取 G4 儲存格，切換到「公式」功能索引標籤，在「函數庫」功能區中，按下「查閱與參照」清單鈕，執行「VLOOKUP」函數。

⑥ 開啟 VLOOKUP 函數引數對話方塊，在 Lookup_value 引數選取 F4 儲存格（@ 年資）、Table_array 引數切換到「準則」工作表選取 A2:B21 儲存格範圍（特休準則），Col_index_num 引數輸入「2」，Range_lookup 引數輸入「1」，按下「確定」鈕。特別注意 VLOOKUP 函數中的 Range_lookup 引數，平常在參照員工編號或是身分證字號時，

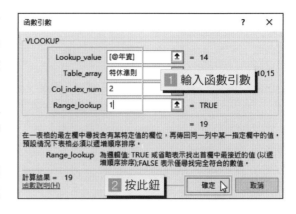

會希望找到完全相符合的值，因此 Range_lookup 引數會設定為「0」（FALSE）；這裡因為有範圍級距，希望找到最接近而不超過的值，因此 Range_lookup 引數會設定為「1」（TRUE），不過特休準則一定依遞增的順序排列，否則還是會出現參照錯誤。

⑦ 輕鬆計算出特別休假的天數。

⑧ 主管想知道平均每個員工的年資是幾年，所有員工特別休假總共有幾天，作為人事管理的參考。這時候格式化為表格所製作的表格，提供使用者快速合計的功能。選取表格中任何儲存格，切換到「表格工具 \ 設計」功能索引標籤，在「表格樣式選項」功能區中，勾選「合計列」，表格下方會立刻新增「合計」列。

⑨ 選取 F27 儲存格，按下年資欄的合計清單鈕，選擇「平均」函數。

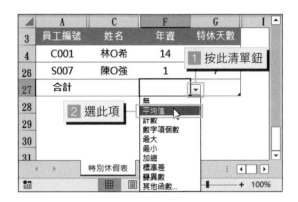

⑩ 計算出平均年資。選取 G27 儲存格，按下特休天數欄的合計清單鈕，選擇「加總」函數。

⑪ 輕鬆完成統計資料。選取 A27: G27 儲存格，切換到「頁面配置」功能索引標籤，在「版面設定」功能區中，按下「列印範圍」清單鈕，執行「新增至列印範圍」指令，將合計列新增到列印範圍中。

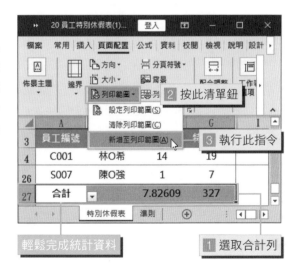

單元 >>>>>>
21

⬇ 範例檔案：CHAPTER 04\21 部門人力分析

部門人力分析

部門人力分析表

性別比	行政部	資訊部	研發部	財務部	業務部
女	2	0	7	2	0
男	3	3	0	0	6
人數	5	3	7	2	6

職務比	行政部	資訊部	研發部	財務部	業務部
經理	1	1	1	0	1
主任	1	1	1	1	1
組長	0	0	2	0	0
基層	3	1	3	1	4
人數	5	3	7	2	6

平均年資	行政部	資訊部	研發部	財務部	業務部
女	10.5	-	8.9	9.0	-
男	6.3	8.7	-	-	5.7
總平均	8.0	8.7	8.9	9.0	5.7

平均特休	行政部	資訊部	研發部	財務部	業務部
女	16.5	-	15.3	15.0	-
男	12.0	15.3	-	-	12.5
總平均	13.8	15.3	15.3	15.0	12.5

特休天數	行政部	資訊部	研發部	財務部	業務部
女	33.0	-	107.0	30.0	-
男	36.0	46.0	-	-	75.0
小計	69.0	46.0	107.0	30.0	75.0

各部門有多少人？男女比例為何？平均年資是幾年？職位的人數有幾人？這些都是人事部門常被問到的問題，詳細的數字不妨做成一張部門人力分析表，方便主管隨時抽問。

範例步驟

① 請開啟範例檔「21 部門人力分析 (1).xlsx」，切換到「部門人力分析」工作表。眼尖的讀者可能發現這張表格好眼熟喔！沒錯！就是前一章出現過的員工特別休假表，看看這張表格可以做成什麼變化！選取表格區任何一個儲存格，切換到「表格工具\設計」功能索引標籤，在「工具」功能區中，執行「轉換為範圍」指令，將格式化為表格的資料表，轉換成一般的 Excel 工作表。

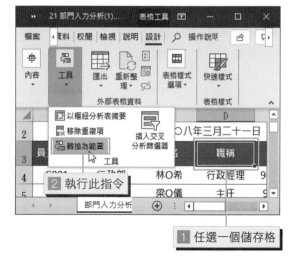

② 出現 Excel 的提示訊息，按「是」
　鈕。

按此鈕

③ 選取 A3:G26 儲存格範圍，切換
　到「資料」功能索引標籤，在
　「大綱」功能區中，執行「小
　計」指令。

1 選此儲存格範圍

④ 開啟「小計」對話方塊，按下
　「分組小計欄位」清單鈕，選擇
　「部門」。

1 按此清單鈕

2 選此項

⑤ 使用函數選擇「加總」，新增小計位置勾選「年資」及「特休天數」，按「確定」鈕。

⑥ 工作表內容依照部門別加總年資及特休天數，並出現大綱層級。選取 A3:G32 儲存格，再次執行「小計」指令。

依照部門別加總

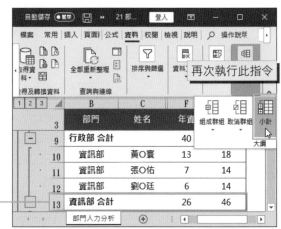

⑦ 這次使用函數改選擇「平均值」，並取消勾選「取代目前小計」，其他維持不變，按下「確定」鈕。

⑧ 在原有小計上方有多出依照部門別計算的年資及特休天數平均值，大綱層級也多一級。再次執行「小計」指令。

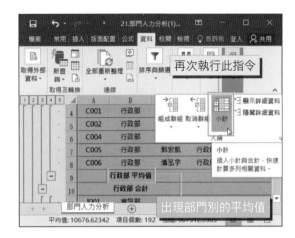

⑨ 這次使用函數改選擇「計數」，新增小計位置處取消勾選「年資」及「特休天數」，重新勾選「姓名」，維持取消勾選「取代目前小計」，按下「確定」鈕。

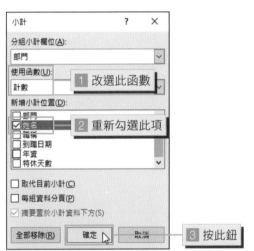

⑩ 計算出部門人數。按下大綱層級「4」。

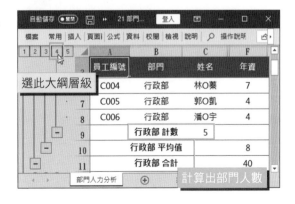

⑪ 隱藏全部詳細資料,僅顯示小計資料。使用者可以試著按下不同層級的數字,看看顯示的資料有什麼不同。

僅顯示小計位置

⑫ 如果要取消小計功能,只需要選取 A3:G44 儲存格(小計範圍表格),再次執行「資料\大綱\小計」指令,在「小計」對話方塊,按下「全部清除」鈕,即可回復原來工作表狀態。

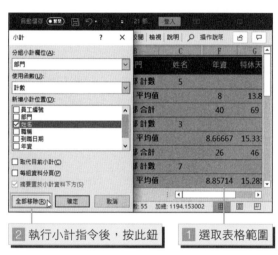

2 執行小計指令後,按此鈕　　1 選取表格範圍

⑬ 使用小計功能製作很快速方便,但是無法顯示男女比例和各職位的人數。請開啟範例檔「21 部門人力分析 (2).xlsx」,切換到「部門人力分析表」工作表,統計各部門男、女員工的人數。選取 L4 儲存格,切換到「公式」功能索引標籤,在「函數庫」功能區中,按下「其他函數\統計」清單鈕,執行「COUNTIFS」函數。

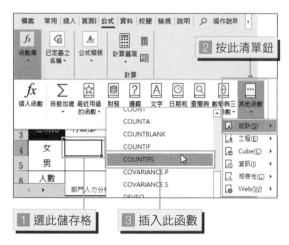

1 選此儲存格　　3 插入此函數

⑭ 開啟 COUNTIFS 函數引數對話方塊，在 Criteria_range1 處選取「$B$4:$B$26」儲存格（部門）、Criteria1 處選取「L$3」儲存格（行政部）、Criteria_range2 處選取「$D$4:$D$26」儲存格（性別）、Criteria2 處選取「$K4」儲存格（女），按下「確定」鈕。完整公式為「=COUNTIFS($B$4:$B$26,L$3,$D$4:$D$26,$K4)」。

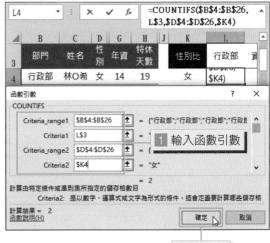

操作 MEMO　　COUNTIFS 函數

說明： 套用準則到跨多個範圍的儲存格，並計算符合所有準則的次數。

語法： COUNTIFS(criteria_range1, criteria1, [criteria_range2, criteria2]…)

引數： 將資訊提供給動作、事件、方法、屬性、函數或程序的值。

　　　　・Criteria_range1（必要）。要列入計算的第 1 個儲存格範圍。

　　　　・Criteria1（必要）。指定的第 1 個條件準則。

　　　　・Criteria_range2, Criteria2, ...（選用）。其他範圍及其相關準則。最多允許 127 組範圍和條件準則。

---

⑮ 將公式複製到其他欄位，再用加總函數計算各部門人數。

⑯ 繼續使用 COUNTIFS 函數統計各部門各職稱的人數。選取 L9 儲存格，輸入公式「=COUNTIFS($B$4:$B$26,L$8,$E$4:$E$26,"??經理")」。因為部門經理都會冠上部門別，為了省去輸入公式的時間，因此用 2 個 ? 號代表部門。

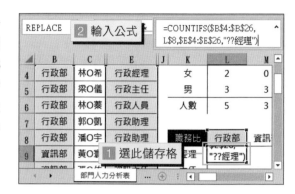

⑰ 依相同公式將職稱部分改為主任和組長。選取 L10 儲存格輸入公式「=COUNTIFS($B$4:$B$26,L$8,$E$4:$E$26,"??主任")」，選取 L11 儲存格輸入公式「=COUNTIFS($B$4:$B$26,L$8,$E$4:$E$26,"??組長")」，基層員工因為各部門名稱不一定，因此先計算部門總人數，再減去 3 類主管的人數，就可以得知。要計算部門人數可延用統計部門性別員工數的資料，也可以重新統計作為

勾稽。選取 L13 儲存格，按下「其他函數 \ 統計」清單鈕，執行「COUNTIF」函數。

⑱ 在 COUNTIF 函數引數對話方塊中，Range 處選取「$B$4:$B$26」儲存格（部門）、Criteria 處選取「L$8」儲存格（行政部），按下「確定」鈕。

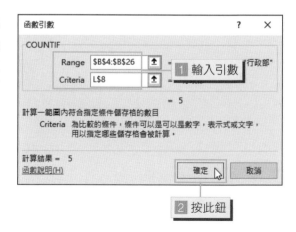

操作 MEMO　　COUNTIF 函數

說明： 會計算一範圍內，符合指定單一條件的儲存格數目。

語法： COUNTIF(range, criteria)

引數： 將資訊提供給動作、事件、方法、屬性、函數或程序的值。
- Range（必要）。要列入計算的一個或多個儲存格。
- Criteria（必要）。指定的單一條件。

---

⑲ 計算出部門總人數。接著計算基層員工人數，選取 L12 儲存格，輸入公式「=L13-SUM(L9:L11)」，最後將所有公式複製完成，即完成各部門各職務員工人數統計。

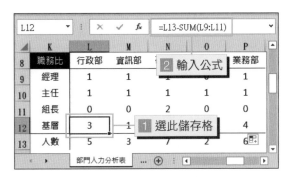

⑳ 接下來要計算各部門的平均年資。選取 L16 儲存格，執行「公式 \ 函數庫 \ 其他函數 \ 統計 \ AVERAGEIFS」函數。

㉑ 在 AVERAGEIFS 函數引數對話方塊中，Average_range 處選取「$G$4:$G$26」儲存格（年資）、Criteria_range1 處選取「$B$4:$B$26」儲存格（部門）、Criteria1 處選取「L$15」儲存格（行政部）、Criteria_range2 處選取「$D$4:$D$26」儲存格（性別）、Criteria2 處選取「$K16」儲存格（女），

按下「確定」鈕。完整公式為「=AVERAGEIFS($G$4:$G$26,$B$4:$B$26,L$15,$D$4:$D$26,$K16)」。

操作 MEMO　AVERAGEIFS 函數

說明： 傳回特定範圍中，符合多個條件之所有儲存格的平均值（算術平均值）。

語法： AVERAGEIFS(average_range, criteria_range1, criteria1, [criteria_range2, criteria2], ...)

引數： 將資訊提供給動作、事件、方法、屬性、函數或程序的值。

　　　　・Average_range（必要）。要計算平均值的實際儲存格。

　　　　・Criteria_range1（必要）。Criteria_range2, … 以後則為選用項目。含有關連條件的儲存格範圍。

　　　　・Criteria1（必要）。Criteria2, ... 以後則為選用項目。要計算平均值的條件，最多可有127 個條件準則。

㉒ 將年資平均數公式複製到後方儲存格，出現公式計算結果有誤的現象，這和部門性別分布不均有關。為了要解決這個問題，就要使用 IFERROR 邏輯函數來判斷。

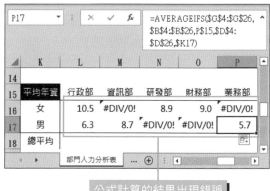

㉓ 將 L16 儲存格公式加上 IFERROR 函數，使公式變成「=IFERROR(AVERAGEIFS($G$4:$G$26,$B$4:$B$26,L$15,$D$4:$D$26,$K16),0)」，修改完後複製到其他儲存格。

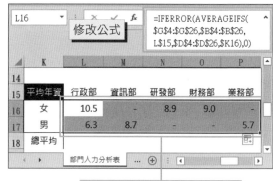

操作 MEMO　　**IFERROR 函數**

說明： 如果公式計算結果錯誤，就會傳回指定的值，否則傳回公式的結果。

語法： IFERROR(value, value_if_error)

引數： 將資訊提供給動作、事件、方法、屬性、函數或程序的值。

　　　　・Value（必要）。檢查此引數是否有錯誤。

　　　　・Value_if_error（必要）。如果公式計算錯誤時要傳回的值。錯誤類型有 #N/A、#VALUE!、#REF!、#DIV/0!、#NUM!、#NAME? 或 #NULL!。

㉔ 部門的平均年資，不能使用加總函數或是將男女平均年資加起來除以 2，必須另外使用 AVERAGEIF 函數重新計算。選取 L18 儲存格，輸入公式「=AVERAGEIF($B$4:$H$26,L15,$G$4:$G$26)」，然後複製到後方儲存格。

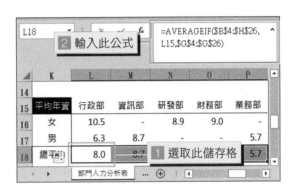

操作 MEMO　　**AVERAGEIF 函數**

說明： 傳回特定範圍中，符合指定條件之所有儲存格的平均值（算術平均值）。

語法： AVERAGEIF(range, criteria, [average_range])

引數： 將資訊提供給動作、事件、方法、屬性、函數或程序的值。

　　　　・Range（必要）。特定範圍的儲存格，包括數字或名稱、陣列，或含有數字的參照。

　　　　・Criteria（必要）。要計算平均值的條件。

　　　　・Average_range（選用）。要計算平均值的實際儲存格。如果省略，會使用 range。

㉕ 這一系列的函數有個共通的特色，就是多個條件的函數，只要在單個條件函數名稱加個 S，所以很好記。

平均特休天數所使用的函數與平均年資相同，公式也雷同，只要修改儲存格位址即可。

平均特休 - 女 (L21 儲存格)：「=IFERROR(AVERAGEIFS($H$4:$H$26,$B$4:$B$26,L$20,$D$4:$D$26,$K21),0)」

平均特休 - 總平均 (L23 儲存格)：

「=AVERAGEIF($B$4:$H$26,L20,$H$4:$H$26)」

特休天數 - 女 (L26 儲存格)：「=SUMIFS($H$4:$H$26,$B$4:$B$26,L$25,$D$4:$D$26,$K26)」

特休天數 - 小計 (L28 儲存格)：「=SUM(L26:L27)」

特別注意 SUMIFS 函數是屬於「數學與三角函數」類別，在「統計」類別中可是找不到喔！

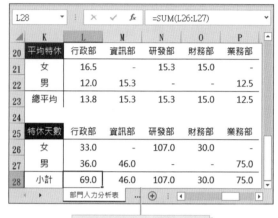

將未完成的公式輸入完畢

5

出勤管理系統

22 員工年度請假卡

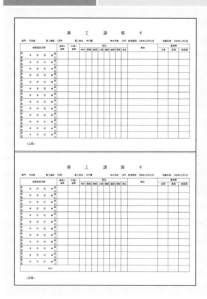

整年度的員工請假卡除了響應環保之外，每次的請假記錄都記載的一清二楚，整年的資料也可以提供主管作為年終考核的參考。有些員工非常有敬業精神，整年都不會請假，所以個人化的員工請假卡，也不需要年初的時候就將全部的員工列印完成，可以等到當年度第一次請假的時候再列印即可。

範例步驟

① 常常在製作完表格之後，列印時才發現表格超過邊界，於是在預覽列印和版面設定之間來來回回修改好多次，其實可以使用「分頁預覽」的檢視模式。請開啟範例檔「22 員工年度請假卡 (1).xlsx」，切換到「員工請假卡」工作表，切換到「檢視」功能索引標籤，執行「分頁預覽」指令。

② 工作表以分頁模式呈現。切換到
「頁面配置」功能索引標籤，在
「版面設定」功能區中，按下
「方向」清單鈕，執行「橫向」
指令。

③ 大部分的表格內容在同一頁，但
是含有一欄在第二頁。試著按下
「邊界」清單鈕，執行「窄」指
令。

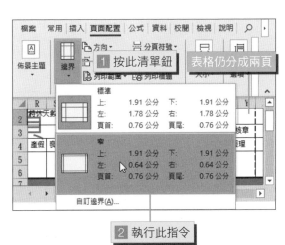

④ 因為第 2 頁希望也有表頭資訊，
為了避免複製過多的表格而超過
第 3 頁，因此先設定列印標題。
選取整列 1:4 範圍，執行「列印
標題」指令。

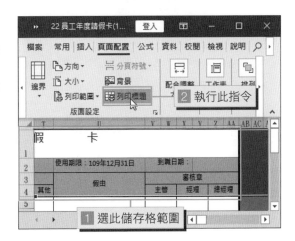

⑤ 自動開啟「版面設定」對話方
塊，並在「工作表」索引標籤中
顯示標題列的儲存格位址。若無
自動顯示標題列參照位址，則按
下 ⬆ 摺疊鈕重新選取範圍。

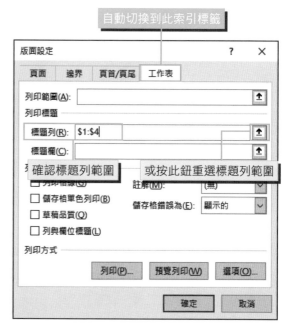

⑥ 切換到「頁首 / 頁尾」索引標籤，
勾選「奇數頁與偶數頁不同」選
項，按下「自訂頁尾」鈕。

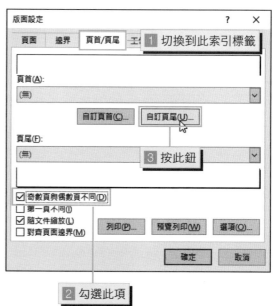

⑦ 開啟「頁尾」對話方塊，在「奇數頁頁尾」標籤左方空白處，輸入文字「＜正面＞」，反白選取剛輸入的文字，按下 Ａ 「格式化文字」鈕。

⑧ 另外開啟「字型」對話方塊，選擇「微軟正黑體」字型，大小設定為「12」，按下「確定」鈕。

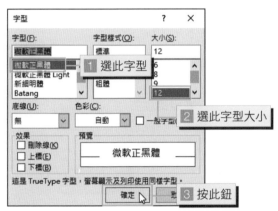

⑨ 回到「頁尾」對話方塊，切換到「偶數頁頁尾」標籤，同樣在左方空白處，輸入文字「＜反面＞」，並設定字型格式後，按下「確定」鈕。

⑩ 回到「版面設定」對話方塊，按下「確定」鈕。

⑪ 選取 A5:AA6 儲存格，拖曳複製到下方儲存格，若超過第 2 頁範圍，選取多餘的儲存格，按滑鼠右鍵，執行「刪除」指令刪除即可。

1 複製儲存格

2 選取多餘的儲存格範圍

⑫ 將 A55:L56 儲存格範圍內容全部刪除，執行「跨欄置中」指令，合併成單一儲存格，並輸入文字「合計」。

將儲存格合併後，重新輸入文字

⑬ 員工請假單格式及版面設定都已
經完成，接下來就要利用資料驗
證和 VLOOKUP 函數，製作個
人的請假單。選取 K2 儲存格，
切換到「資料」功能索引標籤，
在「資料工具」功能區中，執行
「資料驗證」指令。

⑭ 開啟「資料驗證」對話方塊，在
「設定」索引標籤中，儲存格內
允許「清單」項目並選擇來源
為「特別休假表」工作表中的
A4:A26 儲存格，來源處會顯示
「= 特別休假表 !$A$4:$A$26」。

⑮ 分別在部門、姓名、特休及到職日等欄位輸入 VLOOKUP 函數。

欄位名稱	位置	公式
部門	C2	=IF($K$2="","",VLOOKUP($K$2, 特別休假表 !$A$4:$G$26,2,0))
員工姓名	N2	=IF($K$2="","",VLOOKUP($K$2, 特別休假表 !$A$4:$G$26,3,0))
特休天數	R2	=IF($K$2="","",VLOOKUP($K$2, 特別休假表 !$A$4:$G$26,7,0))
到職日期	Y2	=IF($K$2="","",VLOOKUP($K$2, 特別休假表 !$A$4:$G$26,5,0))

當選擇員工編號時，就會自動顯示對應的內容，即可逐一列印個人的員工請假卡。記得要正反面列印在同一張紙上，環保又方便。

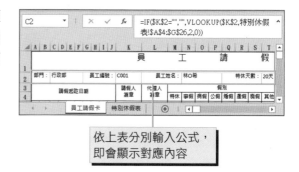

依上表分別輸入公式，
即會顯示對應內容

單元 23 出勤日報表

範例檔案：CHAPTER 05\23 出勤日報表

今天哪位員工沒上班？原因為何？哪位員工又遲到了？是哪個部門的？這些資料每天都要準備好給主管報告，每個月還要彙整給會計部門用來計算薪資，年底也要統計出來讓各部門主管打考績，因此請假遲到的記錄一定要相當完整。

範例步驟

1. 首先依照請假卡的欄位，建立請假記錄的工作表，並增加遲到的欄位，請開啟範例檔「23 出勤日報表 (1).xlsx」，切換到「請假記錄」工作表。接著就利用這些請假的記錄資料，製作每天的出勤日報表，任選表格中的儲存格，切換到「表格工具」功能索引標籤，在「工具」功能區中，執行「以樞紐分析表摘要」指令。

2. Excel 會自動以資料表為選取資料範圍，因此會顯示表格名稱「請假記錄」（已事先設定表格名稱），勾選樞紐分析表的位置在「新工作表」，按「確定」鈕。

③ 開啟「樞紐分析表欄位」工作窗格，將滑鼠游標移到樞紐分析表欄位「年」上方，當游標變成 ✥ 符號，按住滑鼠左鍵拖曳到「篩選」區域。

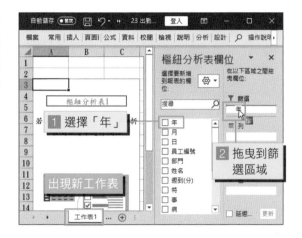

④ 選取樞紐分析表欄位「月」，按滑鼠右鍵，執行「新增至報表篩選」指令。

⑤ 依步驟 3 或 4，將「日」放入篩選區域，「部門」及「姓名」放入列區域。然後將「遲到（分）」放入 Σ 值區域。按一下「計數 - 遲到（分）」旁的清單鈕，執行「值欄位設定」。

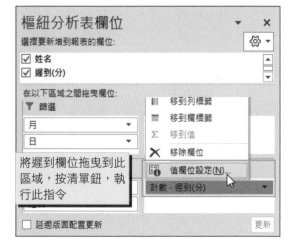

6 開啟「值欄位設定」對話方塊，
先選擇使用「加總」方式計算資
料欄位，再修改自訂名稱為「遲
到」後，按下「確定」鈕。

7 依步驟 5、6 將所有假別的欄位設
定完成，樞紐分析表的版面配置
如下圖。

8 選取列 1:2，切換到「常用」功
能索引標籤，在「儲存格」功能
區中，按下「插入」清單鈕，執
行「插入工作表列」指令。

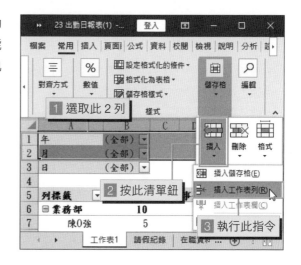

⑨ 選取 A1:K1 儲存格,先執行「跨欄置中」指令後,並輸入表頭名稱「出勤日報表」,並將文字大小設定為「20」。快按工作表名稱「工作表 1」2 下,使文字反白。

⑩ 輸入新工作表名稱為「出勤日報表」。選取 A2:K2 儲存格,先執行「跨欄置中」指令,選取合併後的 A1 儲存格,切換到「公式」功能索引標籤,按下「文字」清單鈕,執行「CONCAT」函數。

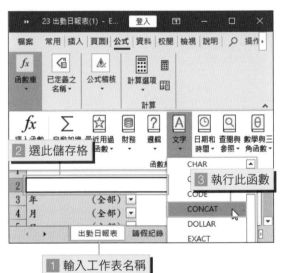

⑪ 開啟 CONCAT 函數引數對話方塊,分別在 Text1~ Text5 輸入引數「民國」、「B3」、「年」、「B4」及「月」,按下垂直捲軸上的向下鈕。

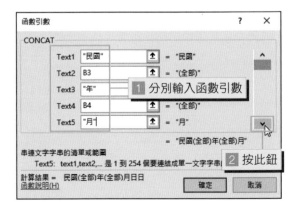

⑫ 繼續在 Text6~ Text7 輸入「B5」及「日」，輸入完成按下「確定」鈕。

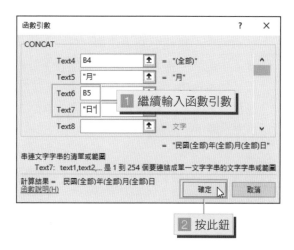

⑬ 完整公式為「=CONCAT(" 民 國 ",B3," 年 ",B4," 月 ",B5," 日 ")」。當篩選「年」、「月」、「日」選擇「108」、「2」及「1」時，表頭的日期會自動顯示「民國 108 年 2 月 1 日」鈕。

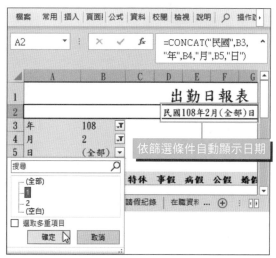

操作 MEMO　　**CONCAT 函數**

說明： 可將多個文字字串結合成單一文字字串。

語法： CONCAT(text1, [text2], ...)

引數： 將資訊提供給動作、事件、方法、屬性、函數或程序的值。

・Text1（必要）。要串連的第一個文字項目。

・Text2 ...（選用）。要串連的其他文字項目，最多可有 255 個項目。這些項目必須以逗號分隔。

⑭ 樞紐分析表不只一種樣式，還可以切換到「樞紐分析表工具＼設計」功能索引標籤，在「版面配置」功能區中，按下「報表版面配置」清單鈕，選擇執行「以列表方式顯示」指令。

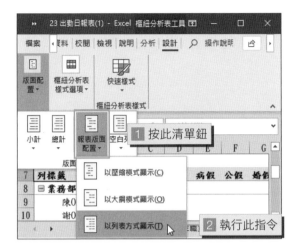

⑮ 由於日報表資料量應該不多，不需要讓資料列太密集，除了調整列高外，還可以在小組間增加空白列，按下「空白列」清單鈕，執行「每一項之後插入空白行」指令。

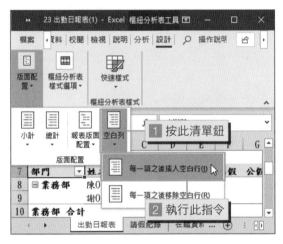

⑯ 為了日報表的美觀，可以在篩選完日期後，列印之前將列 3:5 隱藏起來。選取列 3:5，按下滑鼠右鍵開啟快顯功能表，執行「隱藏」指令。

單元 >>>>>>
⬇ 範例檔案：CHAPTER 05\24 休假統計月報表

24 休假統計月報表

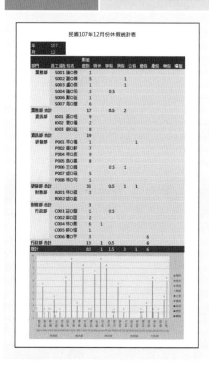

民國107年12月份休假統計表

休假統計表以月為單位，統計員工各種假別的天數，可以依照出勤日報表的樣式，加以變化而成。至於各部門遲到、休假的狀況也可以使用樞紐分析圖表示，讓各部門主管更清楚知道自己部門和其他部門的出勤狀況。

範例步驟

① 請開啟範例檔「24 休假統計月報表 (1).xlsx」，切換到「休假統計表」工作表，這原本是出勤日報表，已先將報表名稱及工作表名稱修改完成，接下來就要變更樞紐分析表的版面配置。在「樞紐分析表欄位」工作窗格中，取消勾選「日」欄位。

TIPS >> 要如何重現「樞紐分析表欄位」的工作窗格？只要切換到「樞紐分析表工具\分析」功能索引標籤，在「顯示」功能區中，執行「欄位清單」指令即可。

② 將游標移到「員工編號」欄位上方，按住滑鼠不放，將「員工編號」欄位拖曳至工作表「姓名」欄位前方。（此項功能僅在古典樞紐分析表版面配置下才能執行）

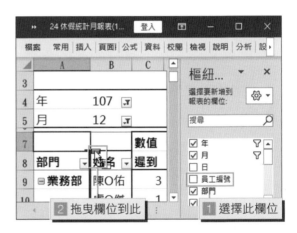

③「員工編號」只是做參照使用，並不需要小計加總。選取員工編號的合計儲存格，切換到「樞紐分析表工具\分析」功能索引標籤，在「作用中欄位」功能區中，執行「欄位設定」指令。

自動出現員工編號的小計列

④ 開啟「欄位設定」對話方塊,「小計與篩選」標籤中選擇小計是「無」,按「確定」鈕。

⑤ 為了讓樞紐分析表美觀一些,可以切換到「樞紐分析表工具\設計」功能索引標籤,在「樞紐分析表樣式」功能區中,按下樣式捲動軸上的 ▣「其他」清單,選擇自己喜歡的樣式。

員工編號小計消失

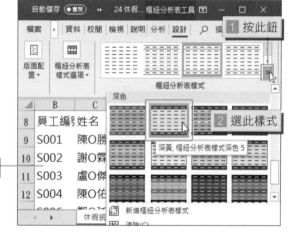

⑥ 樞紐分析表套用指定樣式。先刪除原本的工作列 1,將表首公式變更為「=CONCAT(" 民國 ",B3," 年 ",B4," 月份休假統計表 ")」,最後再調整字型大小為「18」。

⑦ 接下來練習插入樞紐分析圖，選取樞紐分析表中任一儲存格，切換到「樞紐分析表工具\分析」功能索引標籤，在「工具」功能區中，執行「樞紐分析圖」指令。

⑧ 開啟「插入圖表」對話方塊，選擇預設的「群體直條圖」類型，按「確定」鈕。

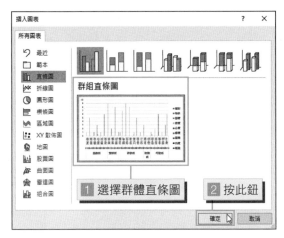

⑨ 將圖表拖曳至表格下方，並調整到適當的大小。

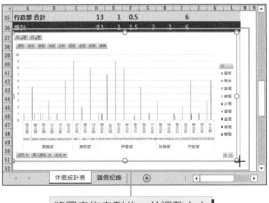

將圖表拖曳到此，並調整大小

⑩ 圖表區不需要顯示欄位按鈕，因此切換到「樞紐分析圖工具\分析」功能索引標籤，在「顯示/隱藏」功能區中，按下「欄位按鈕」清單鈕，執行「全部隱藏」指令。

⑪ 光是長條無法一眼就知道實際數值，所以切換到「樞紐分析圖工具\設計」功能索引標籤，在「圖表版面配置」功能區中，按下「新增圖表項目」清單鈕，在「資料標籤」項下，執行「終點外側」指令，增加數值資料標籤。

⑫ 接著將圖表塗點顏色，切換到「樞紐分析圖工具\格式」功能索引標籤，在「目前的選取範圍」功能區中，按下清單鈕選取圖表的「繪圖區」；繼續在「圖案樣式」功能區中，按下「圖案填滿」清單鈕，選擇「金色, 輔色 4, 較淺 80%」。

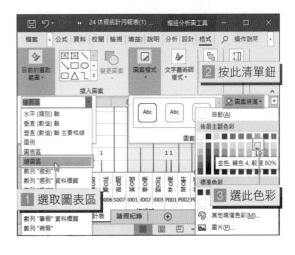

⑬ 選取圖表的「圖表區」，再次按下「圖案填滿」清單鈕，選擇「金色, 輔色 4, 較淺 40%」。

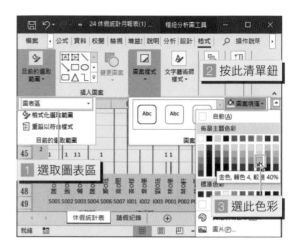

⑭ 接著選取圖表的「水平（類別）軸」，在「文字藝術師樣式」功能區中，按下「文字填滿」清單鈕，選擇「橙色, 輔色 2, 較深 50%」色彩。

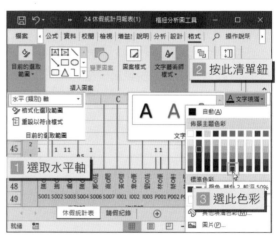

⑮ 陸續將垂直（數值）軸和圖例的文字色彩變更為「橙色, 輔色 2, 較深 50%」即可。

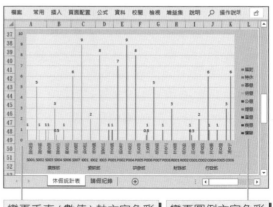

變更垂直 (數值) 軸文字色彩　　變更圖例文字色彩

⬇ 範例檔案：CHAPTER 05\25 兼職人員排班表

單元 >>>>>>> 25　兼職人員排班表

通常公司在銷售旺季來臨時，就會應聘季節性的員工，或是臨時的兼職人員。然而排班真是一件令人傷透腦筋的事，必須兼顧員工的個人因素和實際的人力需求，每個兼職人員要盡可能的時數相同，且不能超過勞基法的規定，若不是固定班輪流，還要早晚班輪調，更是令人一個頭兩個大。

範例步驟

① 請開啟範例檔「25 兼職人員排班表 (1).xlsx」，切換到「周排班表」工作表。先建立所需要的範圍名稱，方便公式使用。選取 B4:I8 儲存格，切換到「公式」功能索引標籤，在「已定義之名稱」功能區中，執行「定義名稱」指令。

② 開啟「新名稱」對話方塊,輸入
名稱「周一」,按「確定」鈕。

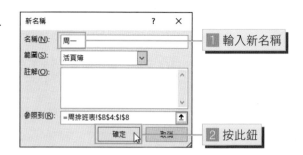

③ 依相同方法完成其他區域的範圍
名稱。

定義其他範圍名稱

④ 請選取 A8 儲存格,切換到「公
式」功能索引標籤,按下「其
他函數」清單鈕,執行「統計\
COUNTA」函數。因為儲存格
內輸入的都是文字,無法使用
COUNT 函數。

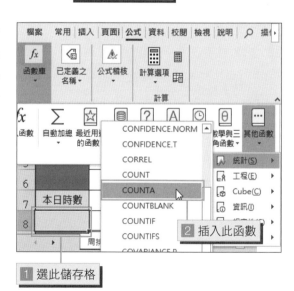

⑤ 開啟 COUNTA 函數引數對話方塊，將游標插入點移到 Value1 空白處，切換到「公式」功能索引標籤，按下「用於公式」清單鈕，執行「周一」指令。確認公式引數後，按「確定」鈕。

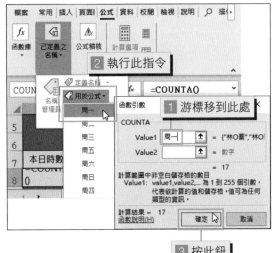

⑥ 由於每個時段都是兩小時，因此在公式後方輸入「*2」，才能代表小時數。完整公式為「=COUNTA(周一)*2」。

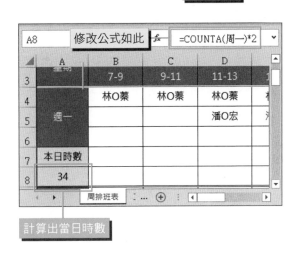

操作 MEMO　COUNTA 函數

說明： 計算範圍（範圍：工作表上的兩個或多個儲存格。範圍中的儲存格可以相鄰或不相鄰。）中不是空白的儲存格數目。

語法： COUNTA(value1, [value2], ...)

引數： 將資訊提供給動作、事件、方法、屬性、函數或程序的值。
- Value1（必要）。所要計算值的第一個引數。
- Value2, ...（選用）。所要計算值的其他引數，最多有 255 個引數。

⑦ 陸續將周二到周日的公式完成，每次安排兼職人員名單時，就能輕易知道當日的人力需求。

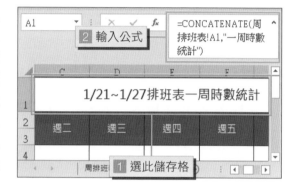

⑧ 排班表只能知道當日的兼職人員排班的總時數，若要每個人每天的上班時數，當周已排班時數，或是休假情形，可以利用排班表重新做統計。請開啟範例檔「25 兼職人員排班表 (2). xlsx」，切換到「工作時數」工作表。選取 A1 儲存格輸入公式「=CONCATENATE(周排班表 !A1, " 一周時數統計 ")」或是「= 周排班表 !A1&" 一周時數統計 "」。

⑨ 選擇 B4 儲存格，輸入公式「=COUNTIF(周 一 ,$A4)*2」，並將公式複製到下方。公式中的「周一」是範圍名稱，因此不能用選取 B2 儲存格取代。

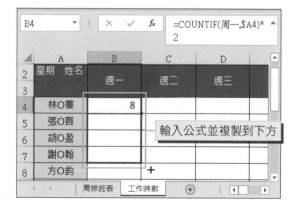

⑩ 也可以將公式加上 IF 函數，用來判斷 COUNTIF 統計出來的結果是否為「0」值，如果是，就顯示「休假」；若不是，則顯示統計出來的結果。

修改後公式「=IF(COUNTIF(周一 ,$A4)*2=0," 休假 ",COUNTIF(周一 ,$A4)*2)」

⑪ 先將 B4:B11 公式複製到右方儲存格，範圍名稱不會跟著自動以數列填滿，此時不妨利用「取代」功能，將公式中的範圍名稱逐欄取代，可節省許多時間。選取整欄 C，切換到「常用」功能索引標籤，在「編輯」功能區中，按下「尋找與選取」清單鈕，執行「取代」指令。

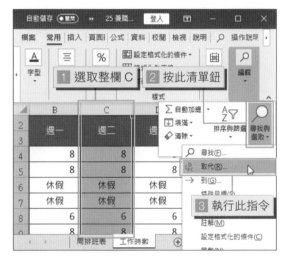

⑫ 開啟「尋找及取代」對話方塊，在「取代」標籤中，尋找目標位置輸入「周一」，取代成位置輸入「周二」，按下「全部取代」鈕。

⑬ 出現已取代的對話方塊,每個公式有 2 個範圍名稱,選取了有 8 個儲存格,所以共取代 16 個項目,按下「確定」鈕。陸續完成周三~周日的取代工作。

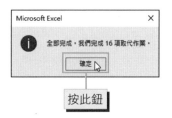

按此鈕

TIPS ▶▶ 完成步驟 13 回到「尋找及取代」對話方塊後,先不急著按下「關閉」鈕,關閉「尋找及取代」對話方塊,可以直接選取整欄 D,將「取代成」改為「周三」,再按下「全部取代」鈕,如此重複即可節省執行指令的時間。

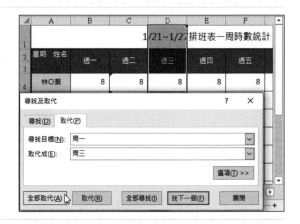

⑭ 選取 I4 儲存格,繼續在「常用」功能索引標籤,按下「自動加總」清單鈕,執行「加總」指令。

2 執行此指令

1 選取此儲存格

⑮ 在 SUM 函數選取要加總的範圍 B4:H4 儲存格，完成後將公式複製到下方儲存格。

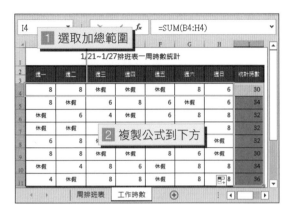

⑯ 選取 C12 儲存格，切換到「公式」功能索引標籤，按下「自動加總」清單鈕，執行「最大值」函數，選取要搜尋最大值的範圍 I4:I11 儲存格。

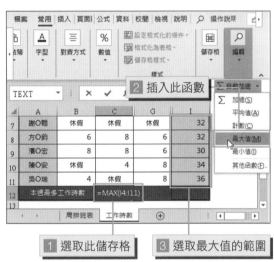

操作 MEMO	MAX 函數

說明： 會傳回一組數值中的最大值。

語法： MAX(number1, [number2], ...)

引數： 將資訊提供給動作、事件、方法、屬性、函數或程序的值。

　　　・Number1（必要）。要尋找最大值的範圍 1。

　　　・Number2, ...（選用）。要尋找最大值的其他範圍，最多有 255 個引數。

⑰ 選取 F12 儲存格，一樣按下「自動加總」清單鈕，執行「最小值」函數，選取要搜尋最小值的範圍 I4:I11 儲存格。

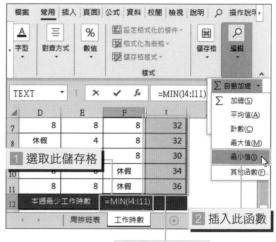

操作 MEMO　　**MIN 函數**

說明：會傳回一組數值中的最小值。

語法：MIN(number1, [number2], ...)

引數：將資訊提供給動作、事件、方法、屬性、函數或程序的值。
- ・Number1（必要）。要尋找最小值的範圍 1。
- ・Number2, ...（選用）。要尋找最小值的其他範圍，最多有 255 個引數。

---

⑱ 選取 F12 儲存格，再次按下「自動加總」清單鈕，執行「平均值」函數，選取要計算平均值的範圍 I4:I11 儲存格。完成一周排班表的時數統計。

操作 MEMO　　AVERAGE 函數

說明： 會傳回引數的平均值（算術平均值）。

語法： AVERAGE(number1, [number2], ...)

引數： 將資訊提供給動作、事件、方法、屬性、函數或程序的值。

- Number1（必要）。要取得平均值的第一個數字或儲存格（儲存格參照：儲存格在工作表上佔據的一組座標。例如，出現在欄 B 與列 3 交叉處儲存格的參照是 B3。）範圍。

- Number2, ...（選用）。要取得平均值的其他數字或儲存格（儲存格參照：儲存格在工作表上佔據的一組座標。例如，出現在欄 B 與列 3 交叉處儲存格的參照是 B3。）範圍，最多 255 個。

26 兼職人員簽到表

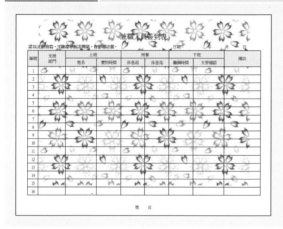

現代人注重休閒生活，每逢週休假日，各地都有大大小小的活動可以參與，公司也會舉辦一些特色活動進行促銷，對於臨時應聘的兼職人員，通常也要列入出勤管理，才能核算兼職時數給付薪資。

範例步驟

① 上班時間有時挺煩悶，有時候可以稍微搞怪一下，讓自己心情好一些。請開啟範例檔「26 兼職人員簽到表 (1).xlsx」，在工作表中插入自己喜歡的背景圖片，切換到「頁面配置」功能索引標籤，在「版面設定」功能區中，執行「背景」指令。

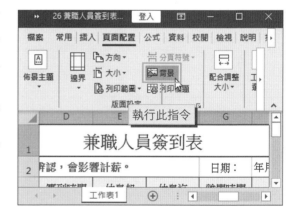

② 出現「插入圖片」的對話方塊，按下「從檔案」或「瀏覽」選項，選擇電腦中存放的圖片檔案。

③ 在「工作表背景」對話 方塊中，選擇自己喜歡的圖片檔案後，按「插入」鈕。

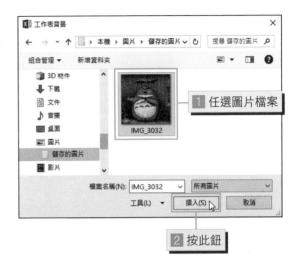

④ 工作表中貼滿了所選擇的圖片，但背景圖片只會顯示在工作表中，並不會列印出來。若主管來了，只要在「頁面配置」功能索引標籤，執行「刪除背景」指令，就可以恢復到原來的工作表狀態。

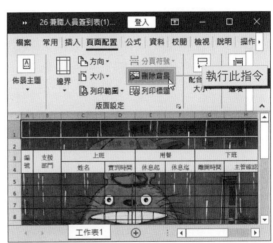

⑤ 由於表格要讓兼職人員填寫，因此欄位中要書寫的位置要留白。選取 H2 儲存格，按滑鼠右鍵，執行「儲存格格式」指令。

⑥ 開啟「儲存格格式」對話方塊，切換到「對齊方式」索引標籤，水平對齊方式選擇「分散對齊」，並勾選「文字前後留白」，按下「確定」鈕。

⑦ 使用「背景」指令所插入的圖片，只會在工作表中顯示，並不會列印出來。接下來介紹完全相反的功能，使用「頁首及頁尾」所插入的圖片，在標準模式下的工作表不會顯示，只有在列印時才會看到。切換到「插入」功能索引標籤，在「文字」功能區中，執行「頁首及頁尾」指令。

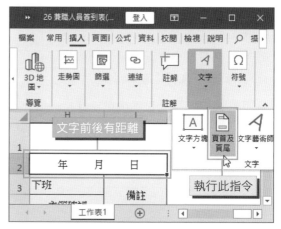

⑧ 將插入點移到頁首中間欄位，切換到「頁首及頁尾工具\設計」功能索引標籤，在「頁首及頁尾項目」功能區中，執行「圖片」指令。（此時會自動切換到整頁檢視模式）

9 開啟「插入圖片」的對話方塊，在 Bing 圖像搜尋中輸入「背景」關鍵字，按下搜尋鈕。（此時必須連上網際網路）

10 開啟「線上圖片」對話方塊，選擇適合大小的圖片後，按下「插入」鈕。

11 頁首欄位中會出現「&[圖片]」字樣，表示有插入圖片。同一天可能會有許多人來兼職工作，因此要預留寫頁數的位置，在「頁首及頁尾工具＼設計」功能索引標籤，在「導覽」功能區中，執行「移至頁尾」指令。

⑫ 在頁尾中間欄位輸入「第　頁」，方便書寫頁數。

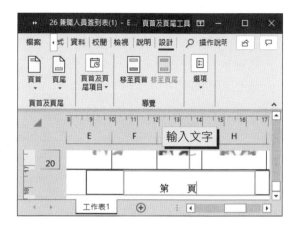

⑬ 在整頁模式下設定適合的版面配置、調整欄寬、刪除多餘列位…等，將表格調整到最適當的狀態。

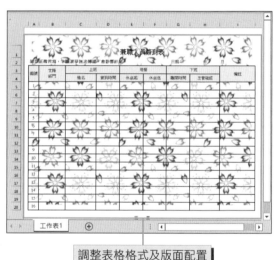

調整表格格式及版面配置

⑭ 表格設定完成，先切換回「標準模式」，此時工作表中不會顯示插入的圖片。在快速存取工具列上增加「預覽列印」功能，可以快速進入預覽列印窗格。按下快速存取工具列旁的 ▼ 清單鈕，選擇新增「預覽列印和列印」功能。

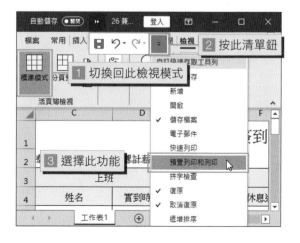

⑮ 此時快速存取工具列上則會出現 「預覽列印和列印」的功能圖示鈕，按下此圖示鈕。

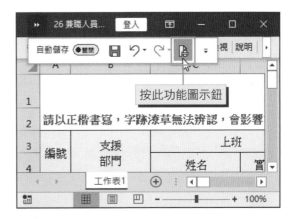

⑯ 快速進入列印功能頁面，欣賞精心設計的兼職人員簽到表。

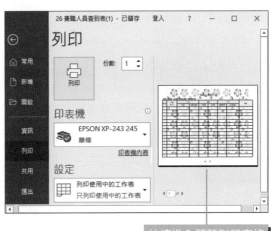

⬇ 範例檔案：CHAPTER 05\27 兼職人員出勤統計表

兼職人員出勤統計表

兼職人員3月份出勤統計表

| 日期 | (全部) | | | | |
列標籤	工作時數(時)	薪資小計	用餐超時(分)	超時扣款	應付薪資
方O鈞	106	$ 15,900	15	45	$ 15,855
吳O琳	54	$ 8,100	0	0	$ 8,100
林O慧	108	$ 16,200	30	90	$ 16,110
胡O盈	118	$ 17,700	18	54	$ 17,646
張O育	180	$ 27,000	0	0	$ 27,000
陳O安	96	$ 14,400	33	99	$ 14,301
潘O宏	166	$ 24,900	10	30	$ 24,870
謝O翰	170	$ 25,500	8	24	$ 25,476
總計	998	$ 149,700	114	342	$ 149,358

工作時數(時)

雖然兼職人員有排班表，可以知道每日上班時數，但實際工作時間，應該要以實際簽到或打卡的時間計算。有些公司會給兼職人員計薪的用餐時間，有些則是超過固定時數才有休息或用餐的時間，因此在日常作記錄時就要特別留意，才不會影響統計時數及計薪的結果。

範例步驟

① 一般公司兼職人員工作超過 4 小時會給予休息時間，超過 6 小時就會提供用餐時間。雖然每間公司對休息時間的長短不盡相同，在此範例以 15 分鐘為休息時間，30 分鐘為用餐時間作為基準。請開啟範例檔「27 兼職人員出勤統計表 (1).xlsx」，選取 G3 儲存格，切換到「公式」功能索引標籤，在「函數庫」功能區中，按下「日期和時間」清單鈕，執行「MINUTE」函數。

2 按此清單鈕

1 選此儲存格　　3 執行此函數

② 開啟 MINUTE 函數引數對話方塊，在引數中選取 E3 儲存格後，輸入減號「-」，再選取 D3 儲存格，使公式為「=MINUTE([@ 休息結束]-[@ 休息開始])」，最後按下「確定」鈕。

操作 MEMO　　MINUTE 函數

說明： 傳回時間值的分鐘數。（分鐘必須以整數指定，範圍從 0 到 59）。

語法： MINUTE(serial_number)

引數： 將資訊提供給動作、事件、方法、屬性、函數或程序的值。
　　　　　・Serial_number（必要）。要尋找之分鐘的時間。

---

③ 計算完用餐時間後，接著計算工作時數。選取 H3 儲存格，按下「日期和時間」清單鈕，執行「HOUR」函數。

④ 在 HOUR 引數中選取 F3 儲存格後，輸入減號「-」，繼續選取 C3 儲存格，按「確定」鈕，使公式為「=HOUR([@ 下班時間]-[@ 上班時間])」。

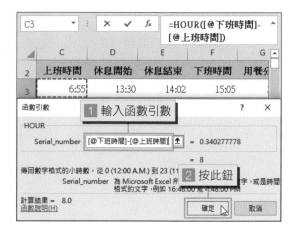

操作 MEMO　HOUR 函數

說明： 傳回時間值的小時數。(小時必須以整數指定，範圍從 0 到 23)。
語法： HOUR(serial_number)
引數： 將資訊提供給動作、事件、方法、屬性、函數或程序的值。
　　　　　・Serial_number (必要)。要尋找之小時的時間。

---

⑤ 有時候為了應付突發的狀況，兼職人員必須超時工作，多出來的分鐘數還是需要支付薪資。在此假設超過 15 分鐘未滿 45 分鐘以半小時計薪，若超過 45 分鐘以 1 小時計薪。加上原本計算小時的公式，修改後公式為「=HOUR([@ 下班時間]-[@ 上班時間])+IF(MINUTE([@ 下班時間]-[@ 上班時間])<=15,0,IF (MINUTE([@ 下班時間]-[@ 上班時間])>=45,1,0.5))」。

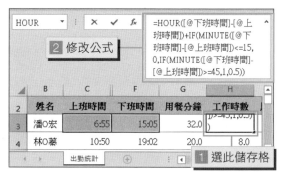

⑥ 計算完工作時數後，就可以知道用餐時間是否超過規定，如果超過規定時間，除了提出警告外，還可以扣除部分薪資。選取 I3 儲存格，輸入公式「=IF(H3>6,IF(G3<=30,"",G3-30),IF(H3<=4,IF(G3=0,"",G3),IF(G3-15=0,"",G3-15)))」。

⑦ 計算完各項時數之後，接著就要利用樞紐分析表來統計每月的總時數。請開啟範例檔「27 兼職人員出勤統計表 (2).xlsx」，切換到「插入」功能索引標籤，在「表格」功能區中，執行「樞紐分析表」指令。

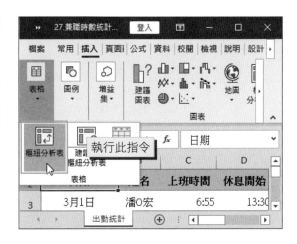

⑧ 因為本範例使用資料表，所以選擇依照 Excel 預設的選項，按下「確定」鈕。

⑨ 開啟樞紐分析表欄位工作窗格，分析表版面配置為篩選區域：日期；列區域：姓名；Σ 值：加總 - 工作時數及加總 - 用餐超時。

樞紐分析表版面配置如圖

⑩ 先將樞紐分析表中欄位名稱分別變更為「工作時數（時）」和「用餐超時（分）」，接著切換到「樞紐分析表工具\分析」功能索引標籤，在「計算」功能區中，按下「欄位、項目和集」清單鈕，執行「計算欄位」指令。

⑪ 假設兼職人員時薪為 150 元。開啟「插入計算欄位」對話方塊，在「名稱」空白處輸入文字「時薪」，在「公式」空白處輸入公式「＝工作時數 *150」，按下「新增」鈕。

⑫ 假設兼職人員休息超時每分鐘扣 3 元。繼續建立第二個計算欄位，在「名稱」中重新輸入文字「超時」，在「公式」重新輸入公式「＝用餐超時 *3」，按下「新增」鈕。

⓭ 最後再新增一個計算應付薪資的計算欄位，在「名稱」中重新輸入文字「薪資」，在「公式」重新輸入公式「＝時薪 - 超時」，按下「新增」鈕後，再按下「確定」鈕結束新增計算欄位。

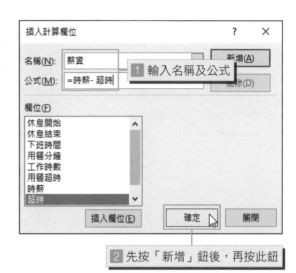

1 輸入名稱及公式

2 先按「新增」鈕後，再按此鈕

⓮ 將游標移到新增的「時薪」欄位，當游標變成 ↖ 符號，按住滑鼠左鍵，拖曳移動到適當的位置。

移動欄位名稱位置

⓯ 最後修改適當的修改欄位名稱和數值格式，並在樞紐分析表上方新增一列，加上表頭標題即可。

2 插入一列並設定表頭標題

1 修改欄位名稱

⑯ 樞紐分析圖不一定要顯示所有樞紐分析表的內容，也可以選擇重點呈現。選取「工作時數（時）」欄位，在「樞紐分析表工具 \ 分析」功能索引標籤，執行「樞紐分析圖」指令。

⑰ 選擇插入「圓形圖」後，按「確定」鈕。

⑱ 將樞紐分析圖移到表格下方，並按下「欄位按鈕」清單鈕，取消勾選其他項目，僅留下「顯示座標軸欄位按鈕」項目，其餘美化圖表及版面配置就看個人喜好。

6

業績計算系統

單元 >>>>>>>
28 業績統計月報表

⬇ 範例檔案：CHAPTER 06\28 業績統計月報表

本範例主要針對業務人員的月銷售業績進行統計，是計算月業績獎金的基礎。對於有多種類型產品的公司而言，不同的產品毛利率都不盡相同，主力商品可提供公司較多的獲利，當然也鼓勵業務人員多銷售主力商品。因此不同類型商品可以計算業績的比例也有所差異。

範例步驟

① 首先開啟範例檔「28 業績統計月報表 (1).xlsx」，並切換工作表到「業績準則」工作表，依序在A3:D3 儲存格輸入「0.1」、「0.2」、「0.4」、「0.5」四個數值。

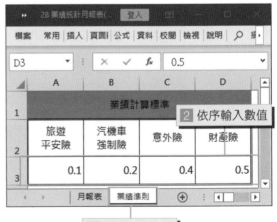

② 選取 A3:D3 儲存格,切換到「常用」功能索引標籤中,在「數值」功能區中,按下「百分比樣式」功能鈕。

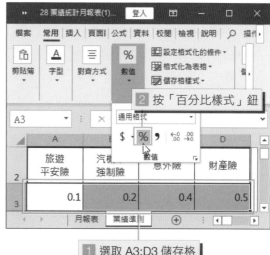

③ 數值變成百分比樣式。

TIPS 如果上述步驟 2 的順序顛倒一下,先選取 A3:D3 儲存格後,按下「百分比樣式」功能鈕,這時候輸入的數值就要改成「10」、「20」、「40」、「50」四個數值囉!

④ 接著切換到「月報表」工作表,選取 G3 儲存格,切換到「公式」功能索引標籤,在「函數庫」功能區中,按下「數學與三角函數」清單鈕,選擇「SUMPRODUCT」函數。

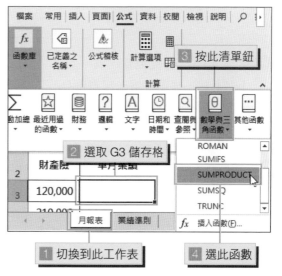

⑤ 開啟 SUMPRODUCT 函數引數對話方塊，將游標移到 Array1 引數的空白處，選取 C3:F3 儲存格。接著按下 Array2 引數的摺疊鈕。

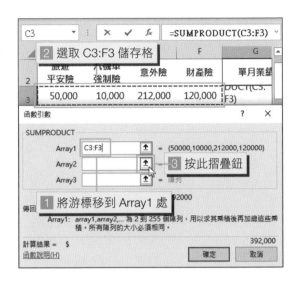

⑥ 切換到「業績準則」工作表，選取 A3:D3 儲存格，按下「展開」鈕回到函數引數對話方塊。

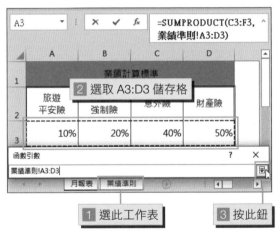

⑦ 選取 Array2 引數範圍，按一下【F4】鍵，將儲存格由相對儲存格「業績準則 !A3:D3」變成絕對儲存格「業績準則 !$A$3:$D$3」，然後按下「確定」鈕。

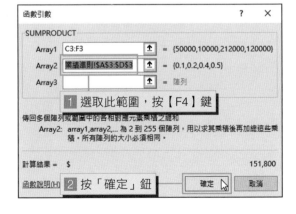

⑧ 計算出當月的業績。接著選取 G3 儲存格，按住「填滿控點」向下拖曳，將公式複製到 G12 儲存格。

⑨ 放開滑鼠就完成所有人員的業績計算。選取 G13 儲存格，在「公式」功能區標籤中，按下「自動加總」清單鈕，執行「加總」指令，計算單月可計獎金的業績總額。

⑩ 接著要繪製單月業績圖，先選取 B2:B12 儲存格，按住【Ctrl】鍵不放，繼續選取 G2:G12 儲存格，同時放開滑鼠左鍵及【Ctrl】鍵，完成選取不相鄰儲存格。

⑪ 切換到「插入」功能索引標籤，在「圖表」功能區中，按下⤵︎「插入直條圖或橫條圖」清單鈕，選擇「群組橫條圖」。

⑫ 單月業績比較圖就自動完成，將圖表到拖曳 A14 儲存格位置，調整圖表寬度後，切換到「圖表工具 \ 設計」功能索引標籤，按下「快速樣式」清單鈕，選擇「樣式 7」樣式。

⑬ 最後按下「新增圖表項目」清單鈕，執行「圖表標題 \ 無」指令，取消圖表標題，圖文並茂的業績月報表就完成了。

單元 >>>>>>
29 業績獎金計算表

⬇ 範例檔案：CHAPTER 06\29 業績獎金計算表

員工業績獎金計算表							
員工編號	姓名	旅遊平安險	汽機車強制險	意外險	財產險	單月業績	獎金比例	業績獎金
JY0001	謝○瀛	50,000	10,000	212,000	120,000	$ 151,800	2%	$ 3,036
JY0002	林○蓁	50,500	10,300	210,500	210,000	$ 196,310	5%	$ 9,816
JY0003	吳○蓉	51,000	10,600	80,000	80,000	$ 79,220	0%	$ -
JY0004	顏○雲	30,000	10,900	150,000	300,000	$ 215,180	5%	$ 10,759
JY0005	吳○謙	52,000	12,000	300,000	120,000	$ 187,600	5%	$ 9,380
JY0006	陳○圓	52,500	11,500	215,000	70,000	$ 128,550	2%	$ 2,571
JY0007	劉○康	25,000	8,000	20,000	170,000	$ 97,100	2%	$ 1,942
JY0008	吳○琴	53,500	11,100	221,000	180,000	$ 185,970	5%	$ 9,299
JY0009	許○輝	54,000	10,900	120,000	200,000	$ 155,580	2%	$ 3,112
JY0010	潘○宏	55,000	12,000	227,000	500,000	$ 348,700	12%	$ 41,844
					總計	$1,746,010		$ 91,758

大多數業績導向的公司，業績獎金都會採取級距制，業績越高可獲得的獎金比例也越高，藉以提振業務人員的士氣。

📋 範例步驟

① 開啟範例檔「29 業績獎金計算表 (1).xlsx」，並選取「業績準則」工作表。依照業績獎金的發放比例，依序輸入表格內容。(本範例格式已設定完成)

	A	B	C	D	E	F
5	業績獎金計算標準					
6	業績級距	80,000以下	80,001~160,000	160,001~240,000	240,001~300,000	300,000以上
7	參考值	$ -	$ 80,000	$ 160,000	$ 240,000	$ 300,000
8	獎金比例	0%	2%	5%	8%	12%

月報表　業績準則　⊕

1 選取此工作表　　2 輸入儲存格內容

假設業績獎金發放比例如下所示：情況 1. 業績計算額在 80,000 以下，沒有業績獎金。

情況 2. 業績計算額在 80,001~160,000，業績獎金比例為 2%。

情況 3. 業績計算額在 160,001~240,000，業績獎金比例為 5%。

情況 4. 業績計算額在 240,001~300,000，業績獎金比例為 8%。

情況 5. 業績計算額在 300,000 以上，業績獎金比例為 12%。

2 切換到「月報表」工作表，分別在 H2 及 I2 儲存格輸入「獎金比例」及「業績獎金」標題文字。

3 選取 G2:G12 儲存格，按住填滿控點向右方拖曳到 I 行，按「自動填滿選項」清單鈕，選擇「僅以格式填滿」。

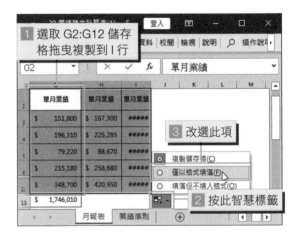

4 選取 A1:I1 儲存格，切換到「常用」功能索引標籤，在「對齊方式」功能區中，按下「跨欄置中」清單鈕，選擇「合併同列儲存格」指令，使表頭寬度與表格內容同寬。

⑤ 選取 H3 儲存格，在「資料編輯列」上，按下 *fx* 「插入函數」圖示鈕。

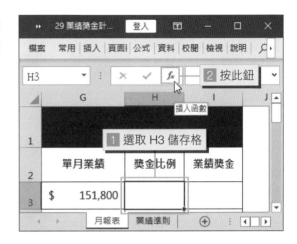

⑥ 出現「插入函數」對話方塊，選擇「查閱與參照」類別，並選擇「HLOOKUP」函數，按下「確定」鈕。

⑦ 出現 HLOOKUP 函數引數對話方塊，將游標移到 Lookup_value 引數的空白處，選取 G3 儲存格。接著按下 Table_array 引數右方的 ↑ 摺疊鈕。

⑧ 切換到「業績準則」工作表，選取 B7:F8 儲存格，並按一下【F4】鍵，將儲存格由相對儲存格「業績準則 !B7:F8」變成絕對儲存格「業績準則 !$B$7:$F$8」，然後按下圖展開鈕回到函數引數對話方塊。

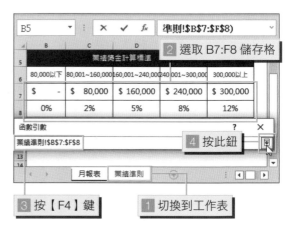

⑨ 接著在 Row_index_num 處填上「2」，也就是 B7:F8 儲存格中的第二列，獎金比例的列號。最後按下「確定」鈕，完成 HLOOKUP 函數的引數。

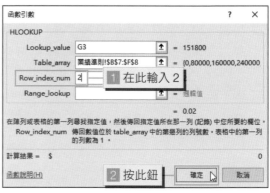

⑩ 選取 H3 儲存格，拖曳填滿控點，將獎金比例公式複製到 H12 儲存格，切換到「常用」功能索引標籤，在「數值」功能區中，執行「百分比樣式」指令。

⑪ 獎金比例欄位變成百分比樣式。
選取 I3 儲存格，輸入業績獎金公
式「=G3*H3」。

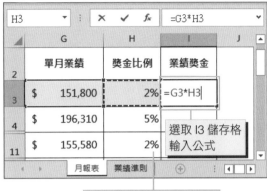

⑫ 將 I3 儲存格公式拖曳複製到I12
儲存格。然後選取 A1 儲存格將
表頭改成「員工業績獎金計算
表」。

⑬ 切換到「常用」功能索引標籤，
在「儲存格」功能區中，按下
「格式」清單鈕，執行「重新命
名工作表」指令。

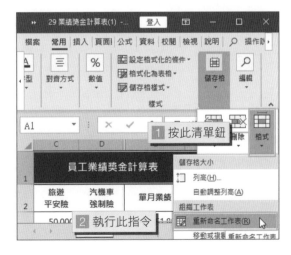

⑭ 最後輸入新的工作表名稱「業績獎金計算表」即可。

			員工業績獎金計算表		
	旅遊 平安險	汽機車 強制險	單月業績	獎金比例	業績獎金
3	50,000	10,000	$ 151,800	2%	$ 3,036
4	50,500	10,300	$ 196,310	5%	$ 9,816
11	54,000	10,900	$ 155,580	2%	$ 3,112
12	55,000	12,000	$ 348,700	12%	$ 41,844
13			$ 1,746,010		$ 91,758

業績獎金計算表

輸入新工作表名稱

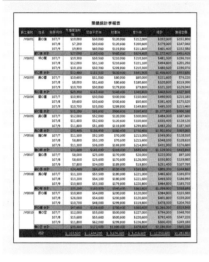

🔽 範例檔案：CHAPTER 06\30 業績統計季報表

業績統計季報表

一般公司會把每筆銷售資料都逐一記錄下來，每個月都彙總成月報表，每季再做成季報表甚至年度報表，其實資料來源都是一樣的，只是報表呈現的方式不盡相同。如果遇到系統轉換，要如何把資料匯入 Excel 加以運用？本範例就使用其他系統匯出的文字檔資料，製作成業績統計季報表。

範例步驟

① 請開啟範例檔「30 業績統計季報表 (1).xlsx」，切換到「銷售明細表」工作表，切換到「資料」功能索引標籤，在「取得及轉換資料」功能區中，按下 🗋「從文字/CSV」圖示鈕。

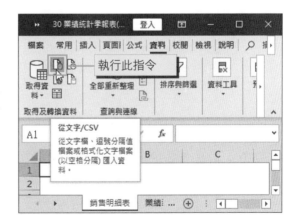

TIPS≫ 也可以在「取得及轉換資料」功能區中，按下「取得資料」清單鈕，在「從檔案」類別中，執行「從文字 / CSV」指令。

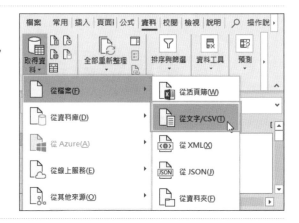

② 開啟「匯入資料」對話方塊，選擇範例檔「30 業績統計季報表」文字檔，按下「匯入」鈕。

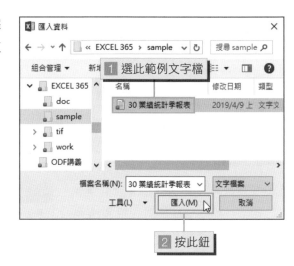

③ 開啟偵測資料類型預覽版面，自動「依據前 200 個列」偵測資料類型，判斷檔案原點為「950：繁體中文 (Big5)」，分隔符號為「逗號」。按下 載入 ▾「載入」清單鈕，選擇執行「載入至」指令。

④ 另外開啟「匯入資料」對話方塊，選擇將資料放在「目前工作表的儲存格」的 A1 儲存格，按「確定」鈕。

1 勾選此項

2 按此鈕

⑤ 文字檔資料匯入工作表中，並自動套用「格式化為表格」，但部分數值未設定格式可自行設定。除了出現「表格工具」浮動功能索引標籤外，另外出現「查詢工具」浮動功能索引標籤及「查詢與連線」工作窗格，先按下工作窗格右上角「關閉」鈕，先關閉工作窗格。

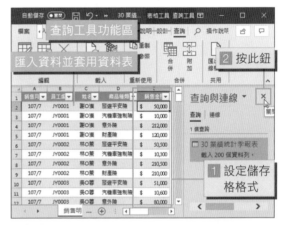

查詢工具功能區

匯入資料並套用資料表

2 按此鈕

1 設定儲存格格式

⑥ 選取 F1 儲存格，輸入欄位標題文字「業績金額」，此時資料表範圍會自動擴大；選取 F2 儲存格，輸入公式「=[@[銷售金額]]*HLOOKUP([@[商品種類]], 業績計算標準 ,2,0)」。

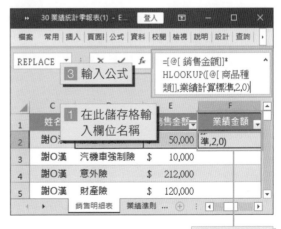

3 輸入公式

1 在此儲存格輸入欄位名稱

2 選此儲存格

⑦ 完成計算式之後，就要使用樞紐
分析表來統計業績。切換到「資
料表工具\設計」功能索引標
籤，在「工具」功能區中，執行
「以樞紐分析表摘要」指令。

⑧ 開啟「建立樞紐分析表」對話方
塊，維持預設的設定，按下「確
定」鈕。

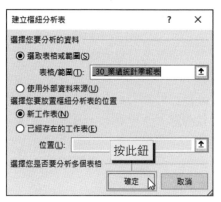

⑨ 樞紐分析表版面配置的列區域為
「員工編號」、「姓名」和「銷售
月份」；欄區域為「商品種類」；
Σ 值區域為「加總-銷售金額」。

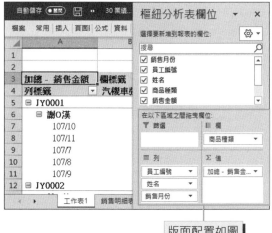

⑩ 版面配置完成後，切換到「樞紐分析表工具\分析」功能索引標籤，在「樞紐分析表」功能區中，按下「選項」清單鈕，執行「選項」指令。

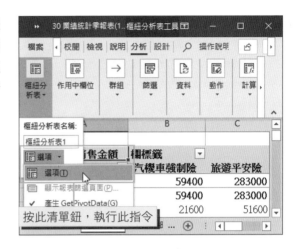

按此清單鈕，執行此指令

⑪ 開啟「樞紐分析表選項」對話方塊，切換到「顯示」索引標籤，勾選「古典樞紐分析表版面配置」，按下「確定」鈕。

1 切換到此標籤

2 勾選此項目

3 按此鈕

⑫ 所有樞紐分析表欄位重新排排站好。選取員工編號欄位的 A11 儲存格，按滑鼠右鍵開啟快顯功能表，取消勾選「小計 "員工編號 "」的功能。

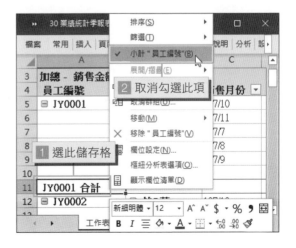

1 選此儲存格

2 取消勾選此項

13 接著按下「銷售月份」標題欄位旁的篩選清單鈕，取消勾選「107/10」及「107/11」月，僅顯示第三季「107/7~107/9」的銷售資料，按「確定」鈕。

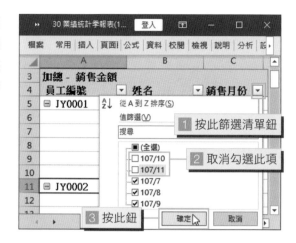

14 選 I4 儲存格輸入文字「業績金額」；再選取 I5 儲存格，輸入金額公式「=SUMPRODUCT(D5:G5, 業績準則 !$A$3:$D$3)」，完成後將公式複製到下方儲存格。同樣都是計算業績金額，因為資料表的位置不同，因此採用不一樣的函數公式。

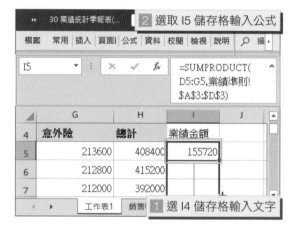

15 最後利用儲存格格式的小技巧，製作表格標題及欄位標題，將樞紐分析表大變身，美化成業績統計季報表。不過當重新開啟檔案時，會出現 Excel 安全性警告，主要是匯入資料時，與原始文字檔案已經建立連結。

⑯ 如果不需要再與原始文字檔有所
牽扯，原則上不需理會安全性警
告，直接按下 ✖「關閉此訊息」
鈕即可。若要與原始文字檔徹底
分手，先切換回「銷售明細表」
工作表，切換到「查詢工具 \ 查
詢」功能索引標籤，在「編輯」
功能區中，執行「刪除」指令。

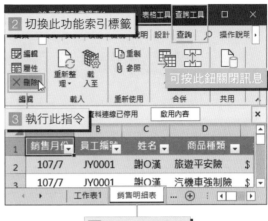

⑰ 出現「刪除查詢」提示訊息，只
要按下「刪除」鈕即可。

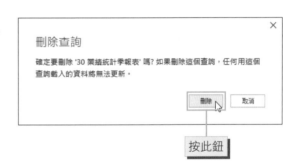

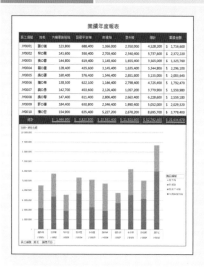

單元 >>>>>>>

31

範例檔案：CHAPTER 06\31 業績統計年度報表

業績統計年度報表

員工為了公司打拼一整年，業績資料庫累積幾千、幾萬筆的銷售資料，該是算總帳的時候。有些人習慣使用製作完成的月報表或季報表進行合併彙算，但是受限於格式及排序，要注意的細節可不少，所以還是使用樞紐分析表來進行較為簡便。

範例步驟

① 請開啟範例檔「31 業績統計年度報表 (1).xlsx」，選取「季報表」工作表標籤，按滑鼠右鍵，執行「移動或複製」指令。利用已經設定好版面配置的季報表，修改成年度報表。

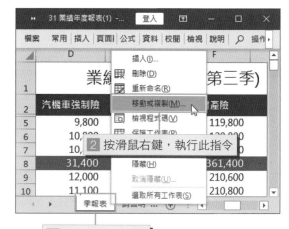

② 開啟「移動或複製」對話方塊，勾選「建立複本」後，按「確定」鈕。

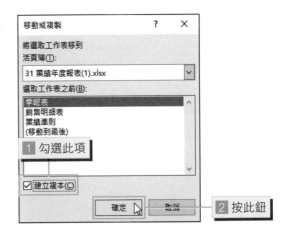

③ 將新增工作表的工作表標籤名稱、表頭名稱以及樞紐分析表名稱修改成「業績年度報表」這樣才不至於和季報表搞混。

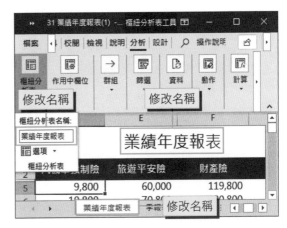

④ 在銷售明細表中新增了許多資料，在進行年度報表作業時，一定要先確認樞紐分析表的資料來源是最新版本。首先選取樞紐分析表中的儲存格，切換到「樞紐分析表工具\分析」功能索引標籤，在「資料」功能區中，按下「重新整理」清單鈕，執行「重新整理」指令。

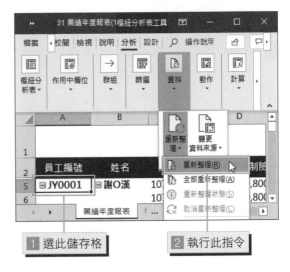

⑤ 選取整列 2: 列 5，按滑鼠右鍵開啟快顯功能表，執行「取消隱藏」，重新顯示樞紐分析表的欄位標題。

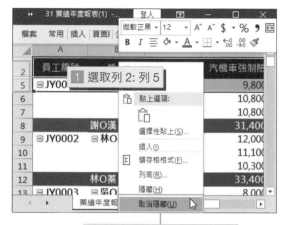

② 按滑鼠右鍵，執行此指令

⑥ 列 3:4 中顯示樞紐分析表欄位標題，按下「銷售月份」的 筛選鈕，執行「清除"銷售月份"的篩選」指令，或勾選「全選」後，按「確定」鈕。

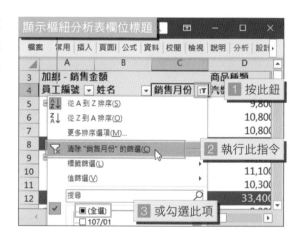

⑦ 選擇樞紐分析表姓名欄位中的任何儲存格，切換到「樞紐分析表工具\分析」功能索引標籤，執行「摺疊欄位」指令，將個人每個月份的明細資料收起來，僅顯示年度總計。

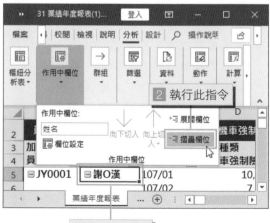

1 選此儲存格

⑧ 選取整欄 C，按滑鼠右鍵開啟顯示功能表，執行「隱藏」指令。

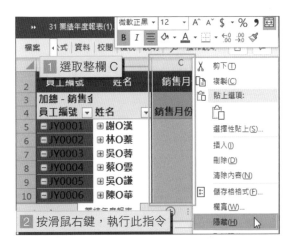

⑨ 由於最後一個欄位「業績金額」不是樞紐分析表中的欄位，因此當樞紐分析表內容有異動時，「業績金額」欄位下的格式不會跟著變動。選取 I15 儲存格，修改業績金額公式「=IF(H15="","",SUMPRODUCT(D15:G15, 業績準則 !$A$3:$D$3))」，並將公式複製到上方及下方的儲存格，不論是否顯示明細資料，業績金額的數值都能自動計算，而不影響美觀。

⑩ 重新設定 I15 的儲存格格式，接著選取整列 3:4，按滑鼠右鍵開啟快顯功能表，執行「隱藏」指令，重新將樞紐分析表欄位標題隱藏起來。

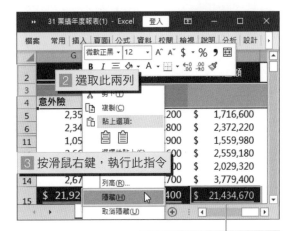

⑪ 切換到「樞紐分析表工具\分析」功能索引標籤，在「樞紐分析表」功能區中，按下「選項」清單鈕，執行「選項」指令。

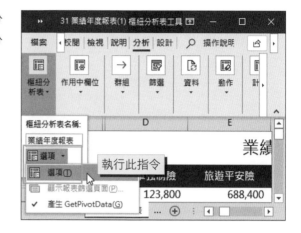

⑫ 開啟「樞紐分析表選項」對話方塊，切換到「顯示」索引標籤，取消勾選「顯示展開/摺疊按鈕」，按下「確定」鈕。

⑬ 再略為統一儲存格的格式及樣式，使工作表看起來一點都不像樞紐分析表。

⑭ 接下來加上一張美美的業績圖，更能增加可看性。同樣在「樞紐分析表工具\分析」功能索引標籤，在「工具」功能區中，執行「樞紐分析圖」指令。

⑮ 開啟「插入圖表」對話方塊，選擇直條圖中的「堆疊直條圖」，按下「確定」鈕。

⑯ 調整樞紐分析圖的大小與表格同寬，位置移動到表格下方。

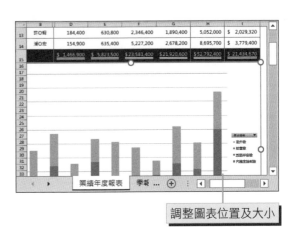

範例檔案：CHAPTER 06\32 年度業績排名

單元 >>>>>>> 32 年度業績排名

年中業績統計出來之後，不能免俗的還是要進行排名，給予優秀的業務人員榮譽的獎勵，也讓業績較差的員工，有努力的目標和方向。

範例步驟

① 雖然樞紐分析表可以在外觀上做到和一般表格一樣，但是有一些圖表功能無法與一般表格合併使用，因此本範例將樞紐分析表內容剪貼成一般工作表資料，方便製作組合式圖表。請開啟範例檔「32 年度業績排名 (1).xlsx」，切換到「業績年度報表」工作表，選取 A5:I15 儲存格範圍，按滑鼠右鍵，執行「複製」指令。

② 按滑鼠右鍵，執行此指令

1 選取此儲存格範圍

② 切換到「年度排名」工作表，選取 A3 儲存格，按滑鼠右鍵開啟快顯功能表，按下「選擇性貼上」清單鈕，執行 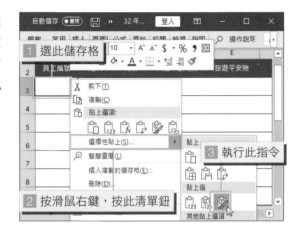「貼上值\值與來源格式相同」指令。

③ 新的工作表顯示年度業績資料。選取整列 C，按滑鼠右鍵開啟快顯功能表，執行「刪除」指令。

④ 選取 I3 儲存格，切換到「公式」功能索引標籤，在「函數庫」功能區中，執行「插入函數」指令。

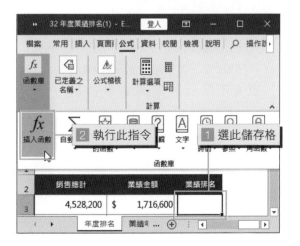

⑤ 開啟「插入函數」對話方塊,如果一時忘記該使用何種函數,只要在搜尋函數空白處輸入關鍵字「排名」,按下「開始」鈕,讓 Excel 給點建議。

⑥ Excel 列出建議採用的函數,選擇「RANK.EQ」函數,按下「確定」鈕。

⑦ 開啟 RANK.EQ 函數引數對話方塊,在 Number 引數中選取「H3」儲存格;Ref 引數中選取「H3:H12」儲存格,並按【F4】鍵,使儲存格變成絕對位址「$H$3:$H$12」,按下「確定」鈕。

操作 MEMO　　**RANK.EQ 函數**

說明：傳回數字在數列中的排名。

語法：RANK.EQ(number,ref,[order])

引數：將資訊提供給動作、事件、方法、屬性、函數或程序的值。

- Number（必要）。要找出其排名的數字或儲存格。
- Ref（必要）。指數列的陣列或參照位址。
- Order（選用）。指定排列數值方式的數字。

⑧ 將排名公式複製到下方儲存格。選取標題表格「業績排名」（I2 儲存格），切換到「資料」功能索引標籤，在「排序與篩選」功能區中，執行 ↓「從 A 到 Z 排序」指令。

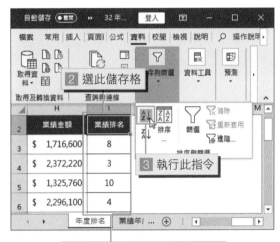

⑨ 選取 A2:H12 儲存格範圍，切換到「插入」功能索引標籤，按下「插入組合式圖表」清單鈕，選擇插入「群組直條圖 - 折線圖」圖表。

⑩ 將新增的圖表移到表格下方位置並適當調整大小,切換到「圖表工具\設計」功能索引標籤,在「類型」功能區中,執行「變更圖表類型」指令。

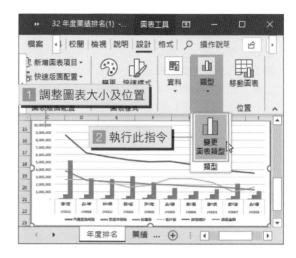

⑪ 開啟「變更圖表類型」對話方塊,按下數列名稱「汽車強制險」旁的圖表類型清單鈕,重新選擇圖表類型為「堆疊直條圖」。

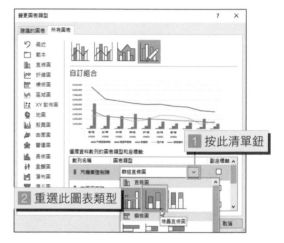

⑫ 其他商品名稱數列也是使用「堆疊直條圖」,而銷售金額及業績金額則使用「折線圖」類型,按「確定」鈕。

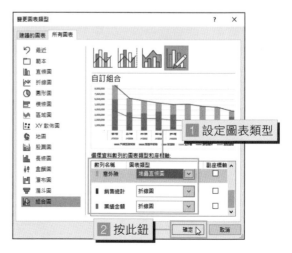

⑬ 接著切換到「圖表工具\設計」功能索引標籤，在「圖表版面配置」功能區中，按下「快速版面配置」清單鈕，選擇「版面配置10」樣式。

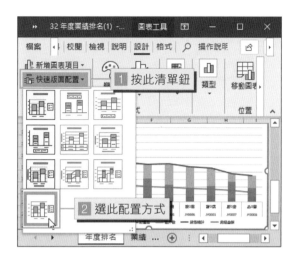

⑭ 切換到「圖表工具\格式」功能索引標籤，在「插入圖案」功能區中，按下「其他」圖案清單鈕，選擇「星星及綵帶\綵帶（向上傾斜）」圖案。

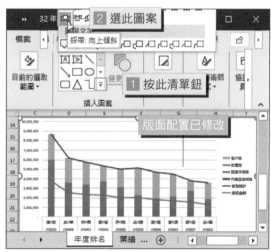

⑮ 拖曳繪製圖案（大小約高1.3、寬3.2），在「繪圖工具\格式」功能索引標籤，在「圖案樣式」功能區中，設定圖案樣式為「色彩填滿 - 橙色，輔色2」，接著按下「圖案效果」清單鈕，選擇「反射\緊密反射，相連」效果。

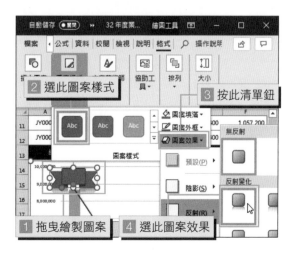

⑯ 繼續按下滑鼠右鍵，開啟快顯功
能表，執行「編輯文字」指令。

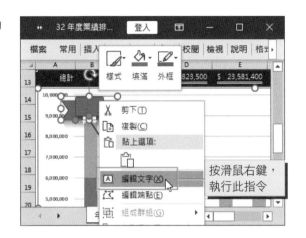

⑰ 在圖案中輸入文字「冠軍」，並
於常用功能區中設定文字字型
為「微軟正黑體」，字型大小為
「16」。

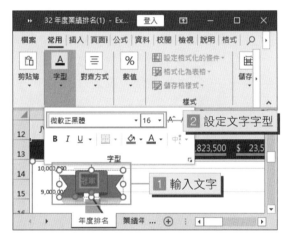

⑱ 圖案中文字暫時顯示不出來沒關
係，按住圖案下方 ● 黃色控制
點，向外拖曳直到文字完全顯示。

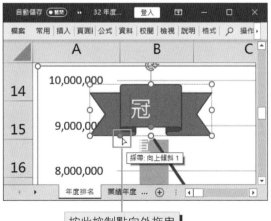

⑲ 最後切換到「常用」功能索引標籤，在「對齊方式」功能區中，調整文字對齊方式為垂直及水平「置中」即可。

單元 >>>>>>> ⬇ 範例檔案：CHAPTER 06\33 年終業績分紅計算圖表

33 年終業績分紅計算圖表

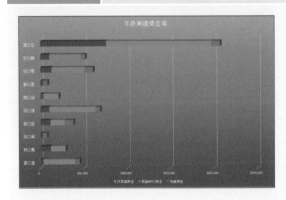

年終獎金和員工一整年的業績相關，當然也和員工的各品項的工作表現考核相關，因此整年度累計業績到達規定的標準，會加發年度的業績獎金；而考核成績也會依照不同等第，給予適當的獎勵；銷售額的排名也是可以列為參考的範疇，雖然業績比例的不同，但是不同的產品的開發，都可以增加客源及公司獲利，也是要給予讚賞。

範例步驟

1. 首先計算各種不同商品銷售額排行榜的排名獎金。請開啟範例檔「33 年終業績分紅計算圖表 (1).xlsx」，切換到「排名獎金」工作表。選取 H17 儲存格，切換到「公式」功能索引標籤，在「函數庫」功能區中，按下「其他函數 \ 統計」清單鈕，執行插入「COUNTIF」函數。

② 開啟 COUNTIF 函數引數對話方塊，在 Range 引數中選取「C17:F17」儲存格，並按【F4】鍵 3 次，使儲存格位址變成「$C17:$F17」欄絕對參照位址；在 Criteria 引數中輸入「1」，表示只有統計第一名的，按下「確定」鈕。

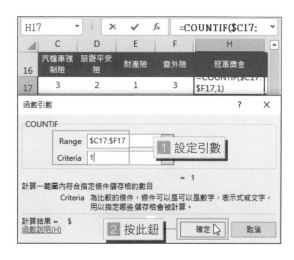

③ 統計出次數後，還要乘上冠軍可得的獎金「36,800」元。將游標移到資料編輯列中 COUNTIF 函數後方，在選取獎金儲存格「H15」，並按【F4】鍵 2 次，使參照位址變更為「H $15」，完整公式為方便複製公式到其他儲存格。完整公式為「=COUNTIF ($C17:$F17,1)*H$15」。

④ 選取 H17 儲存格，將公式複製到 I17 儲存格，並修改 I17 儲存格公式，將第 2 個引數改為「2」，修改後公式為「=COUNTIF($C17:$F17,2)*I$15」，表示統計亞軍的次數。將 H17:I17 公式複製到下方儲存格範圍。

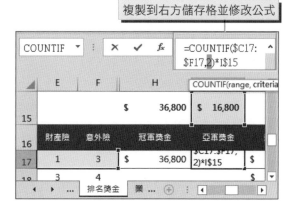

⑤ 接著選取 A17:J26 儲存格範圍，切換到「公式」功能索引標籤，在「已定義之名稱」功能區中，執行「定義名稱」指令。

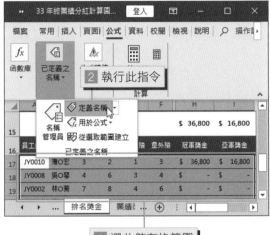

⑥ 開啟「新範圍」對話方塊，輸入名稱「業績排行獎金」，確認參照範圍後，按下「確定」鈕。依相同方法定義 A3:H12 儲存格範圍名稱為「年度業績獎金」。

⑦ 緊接著計算年終業績獎金。切換回「年終業績獎金計算表」工作表，選取 C3 儲存格，插入「VLOOKUP」函數，在 VLOOKUP 函數引數對話方塊中，輸入 4 個引數分別為「A3, 年度業績獎金 ,8,0」，按下「確定」鈕。完成後公式為「=VLOOKUP(A3, 年度業績獎金 ,8,0)」。

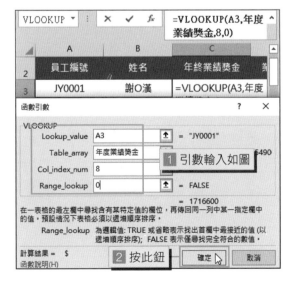

⑧ 但是參照出來的「1,716,600」年度的業績總額,而不是業績獎金,因此要以業績總額為搜尋值,參照業績獎金標準,計算出業績獎金。將游標插入點移到資料編輯列「VLOOKUP」函數的 V 字前方,輸入「H」,此時會出現 H 開頭的函數,將游標移到「HLOOKUP」上方,按滑鼠 2 下選擇「HLOOKUP」函數。

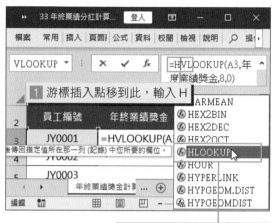

⑨ 在「VLOOKUP」函數前方會出現「HLOOKUP」字樣,將游標插入點移到 HLOOKUP 文字中間任意位置,按下 *fx*「插入函數」鈕,開啟 HLOOKUP 函數引數對話方塊。

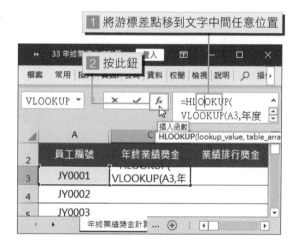

⑩ 在 HLOOKUP 函數引數對話方塊中,第 1 個引數會自動顯示「VLOOKUP(A3, 年度業績金額, 8,0)」,分別輸入第 2 及第 3 個引數為「年終準則 ,2」,第 4 個引數省略,按下「確定」鈕。完成後公式為「=HLOOKUP(VLOOKUP (A3, 年度業績獎金 ,8,0), 年終準則 ,2)」。

⑪ 但是這裡參照出來的來不是業績獎金，只是業績總額的分紅比例，還要再乘以業績總額才是業績獎金。將游標插入點移到上一步驟的公式最後方，輸入「*VLOOKUP(A3, 年度業績獎金,8,0)」，按下【Enter】鍵。C3儲存格完整公式為「=HLOOKUP(VLOOKUP(A3, 年度業績獎金,8,0), 年終準則,2)*VLOOKUP(A3, 年度業績獎金,8,0)」，將公式複製到下方儲存格。

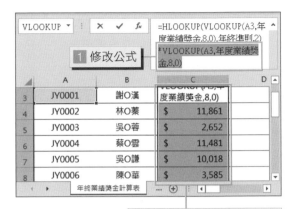

⑫ 輸入完複雜的年終業績獎金後，直接在 D3 儲存格輸入排行獎金公式「=VLOOKUP(A3, 業績排行獎金,10,0)」；在 E3 儲存格輸入考績獎金公式「=VLOOKUP(A3, 考績獎金,5,0)」，將 C3:E3 儲存格公式複製到下方儲存格。

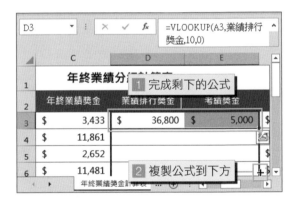

⑬ 接著製作年終業績獎金圖表。選取 B2:E12 儲存格，切換到「插入」功能索引標籤，在「圖表」功能區中，按下 📊 「插入直條圖或橫條圖」清單鈕，選擇插入「立體堆疊橫條圖」指令。

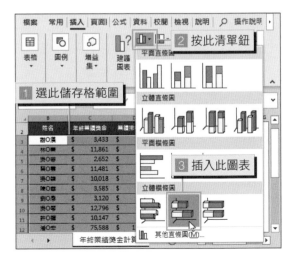

⑭ 出現橫條圖，切換到「圖表工具
　　\設計」功能索引標籤，在「位
　　置」功能區中，直接執行「移動
　　圖表」指令。

⑮ 選擇「新工作表」，並於空白處輸
　　入工作表名稱「年終業績獎金圖
　　表」，按「確定」鈕。

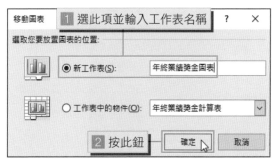

⑯ 圖表移到新的工作表，最後利用
　　圖表工具的格式功能，將圖表區
　　美化成自己想要的樣式即可。

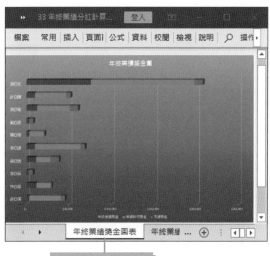

單元 >>>>>>>

⬇ 範例檔案：CHAPTER 06\34 員工年度業績分析

34 員工年度業績分析

銷售月份	(全部)
員工編號	JY0001
員工姓名	謝◯漢

	銷售額	業績額
汽機車強制險	2.73%	1.44%
旅遊平安險	15.20%	4.01%
財產險	30.17%	39.79%
意外險	51.90%	54.76%
總計	100.00%	100.00%

同樣是業務人員，每個員工的強項都不一樣，有人喜歡放長線釣大魚，有人專挑容易上手的商品，透過圖表的分析，可以清楚的知道，每個業務的專長項目，給予更適合的任務或加強弱項的專業知識。

範例步驟

① 對於彙整的資料表有時候不小心會重複複製相同的資料，造成統計上的錯誤，請開啟範例檔「34員工年度業績分析 (1).xlsx」，銷售明細表已經使用「格式化為表格」功能，切換到「資料表工具」\設計」功能索引標籤，執行「移除重複項」指令。

② 開啟「移除重複項」對話方塊，
使用預設的勾選條件，也就是要
找到的每個欄位都完全符合的資
料，按下「確定」鈕。

③ 出現提示訊息告知已經刪除 4 筆
重複的資料，按下「確定」鈕。

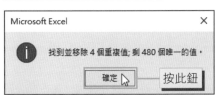

④ 有時候為了凸顯儲存格資料，會
另外使用「填滿色彩」功能，將
儲存格填上其他色彩，但是此時
「格式化為表格」的色彩就無法
完全顯現，因此可以在「資料表
工具\設計」功能索引標籤，在
「表格樣式」功能區中，按下 ⬇
「其他表格樣式」清單鈕，選擇
要套用的樣式，按下滑鼠右鍵開
啟快顯功能表，執行「套用並清
除格式設定」指令即可。

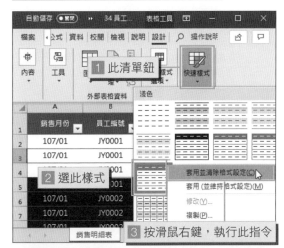

⑤ 接著切換到「插入」功能索引標
籤，按下「樞紐分析圖」清單
鈕，執行「樞紐分析圖」指令。

⑥ 開啟「建立樞紐分析圖」對話方塊，確認資料來源的儲存格範圍，按「確定」鈕。

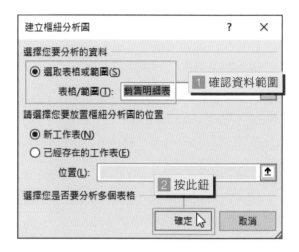

⑦ 切換到新增工作表標籤，安排樞紐分析圖版面配置，篩選區域：「員工編號」和「銷售月份」；座標軸（類別）區域：「商品種類」；圖例（數列）區域：「姓名」和「Σ 值」；Σ 值區域：「加總 - 業績金額」和「加總 - 銷售金額」。

⑧ 為了方便設計員工個人的年度業績分析圖，因此先選取任一個員工編號，作為參考資料。按下員工編號旁的篩選清單鈕，任選一個員工編號，按「確定」鈕。

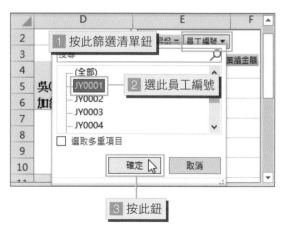

⑨ 選取「加總 - 銷售金額」標題欄位（C6 儲存格），切換到「樞紐分析表工具 \ 分析」功能索引標籤，在「作用中欄位」功能區中，執行「欄位設定」指令。

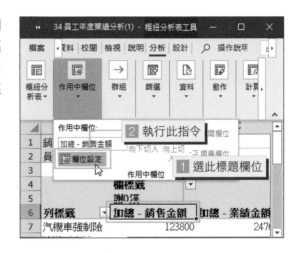

⑩ 開啟「值欄位設定」對話方塊，輸入自訂欄位名稱「銷售額」，切換到「值的顯示方式」索引標籤，按下☑「值的顯示方式」清單鈕，選擇「欄總和百分比」，按「確定」鈕完成設定。依相同方式修改「加總 - 業績金額」名稱為「業績額」，其他設定不變。

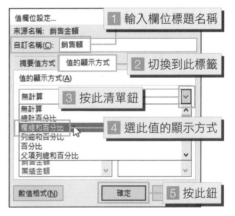

⑪ 切換到「樞紐分析表工具 \ 設計」功能索引標籤，在「版面配置」功能區中，按下「總計」清單鈕，執行「僅開啟欄」指令，取消列的加總。

⑫ 切換到「樞紐分析表工具\分析」功能索引標籤，在「顯示」功能區中，執行「欄位標題」指令，取消顯示標題欄位。

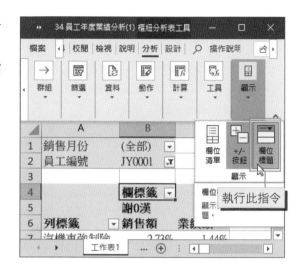

⑬ 在 A3 儲存格輸入文字「員工姓名」，選取 B3 儲存格輸入公式「=B4」。

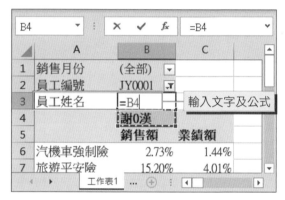

⑭ 接著隱藏列 4 略為美化樞紐分析表，並重新命名工作表名稱。

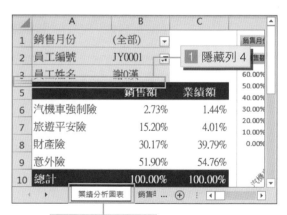

⑮ 先拖曳移動圖表到樞紐分析表下方，接下來切換到「樞紐分析圖工具\分析」功能索引標籤，在「顯示/隱藏」功能區中，按下「欄位按鈕」清單鈕，執行「全部隱藏」指令。

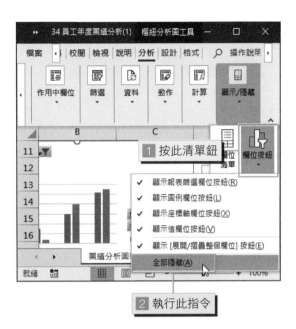

⑯ 再切換到「樞紐分析圖工具\設計」功能索引標籤，在「類型」功能區中，執行「變更圖表類型」指令。

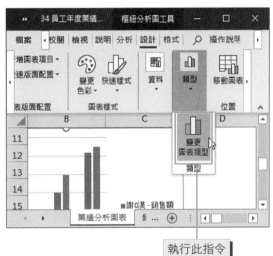

⑰ 開啟「變更圖表類型」對話方塊，選擇「組合式」中的「自訂組合」類型圖表，分別選擇「圓形圖」和「帶有資料標記的雷達圖」，按下「確定」鈕。

⑱ 最後可以切換回「樞紐分析圖工具\設計」功能索引標籤，在「圖表版面配置」功能區中，按下「新增圖表項目」清單鈕，選擇「圖例\下」指令，再加以美化樞紐分析圖即可。

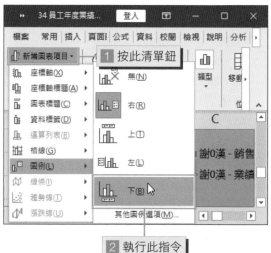

人事考核系統

單元 >>>>>>
35

⬇ 範例檔案：CHAPTER 07\35 人評會考核流程圖

人評會考核流程圖

為了讓績效考核更具公平性，制定相關的考核依據及流程，可以增加員工對評核的可信度，人評會成員也可針對精準可靠的業績資料，進行員工考核的評鑑。

範例步驟

① 請開啟新的活頁簿檔案，切換到「常用」功能索引標籤，在「儲存格」功能區中，按下「格式」清單鈕，執行「重新命名工作表」指令。

② 首先將工作表重新命名為「人評會考核流程圖」，接著切換到「檢視」功能索引標籤，在「顯示」功能區中，取消勾選「格線」，讓工作表變成空白狀態。

③ 切換到「插入」功能索引標籤，在「圖例」功能區中，執行「插入 SmartArt 圖形」指令。

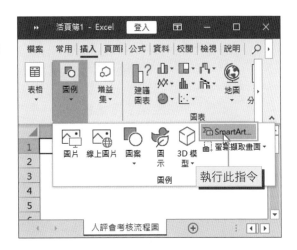

④ 在「選擇 SmartArt 圖形」對話方塊中，先選定「流程圖」類別，再選擇「重複彎曲流程圖」類型後，按「確定」鈕。

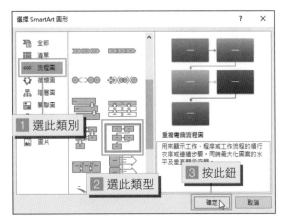

⑤ 此時會出現預設的流程圖及文字窗格。選取第一個圖形並輸入文字「建立人評會評選制度」，此時文字窗格會顯示相同的文字。

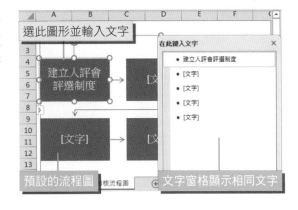

6 依序輸入流程圖文字內容，當預設的流程步驟不敷使用時，切換到「SmartArt 工具 \ 設計」功能索引標籤，在「建立圖形」功能區中，按下「新增圖案」清單鈕，執行「新增後方圖案」指令。

7 新增一個步驟圖形。其實在文字窗格中，按【Enter】鍵也可以快速增加步驟圖案。

8 陸續完成流程圖所有文字輸入工作。切換到「SmartArt 工具 \ 設計」功能索引標籤，在「建立圖形」功能區中，按下「文字窗格」文字鈕，可開啟或關閉文字窗格。

⑨ 請開啟範例檔「35 人評會考核流程圖 (1).xlsx」，選擇最後一個步驟圖案，切換到「SmartArt 工具 \ 格式」功能索引標籤，在「圖案」功能區中，按下「變更圖案」清單鈕，選擇◯「流程圖：結束點」圖案，將流程圖最後圖形由「程序」步驟，更換成「結束點」。

⑩ 變更圖案後，Excel 會自動調整文字大小以適合圖案。由於自動換行位置不是很恰當，不妨手動按下【Enter】鍵，調整文字換行位置。但是如果在文字窗格中進行換行，必須同時按下【Shift】+【Enter】鍵強迫換行，若只按下【Enter】鍵就會新增一個流程圖，要特別留意。

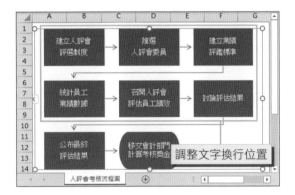

⑪ 預設的流程圖看起來有些單調乏味，接著就來改變圖案的色彩及樣式。切換到「SmartArt 工具 / 設計」功能索引標籤，在「SmartArt 樣式」功能區中，按下「變更色彩」清單鈕，選擇「彩色 - 輔色」顏色。

⑫ 繼續在「SmartArt 樣式」功能區中，按快速樣式旁的 ⊡「向下」鈕，移動到第 3 列，選擇「卡通」樣式。

⑬ 選取 SmartArt 圖形，切換到「SmartArt 工具 / 格式」功能索引標籤，在「大小」功能區中，將圖形方塊設定成高度「12」公分及寬度「20」公分。

⑭ 最後加上文字藝術師方塊標題，並與 SmartArt 流程圖調整好相對位置，最後設定版面配置即可。

單元 >>>>>>> ⬇ 範例檔案：CHAPTER 07\36 人評會考核表

36 人評會考核表

人評會考核員工需要有固定的評鑑標準，因此不妨將考核的項目內容製作成表格，利用核取方塊即按鈕選項，製作成像問卷的考核表，讓評審委員可以直接在電腦上進行評核，最後再列印出紙本存檔。

範例步驟

① 請開啟範例檔「36 人評會考核表 (1).xlsx」，切換到「空白考核表」工作表。選取 B2 儲存格，切換到「資料」功能索引標籤，在「資料工具」功能區中，執行「資料驗證」指令。

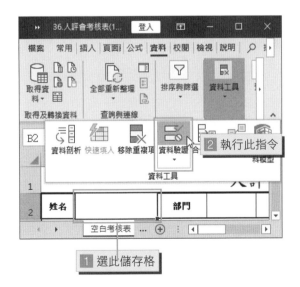

2 執行此指令

1 選此儲存格

② 資料驗證設定中,選擇儲存格內允許「清單」,資料來源則是「準則項目」工作表中的 A2:A24 儲存格,設定完成按下「確定」鈕。

③ 選取 E2 儲存格,輸入公式「=IF($B$2="","",VLOOKUP($B$2, 在職資料,2,0))」(「在職資料」為已定義之範圍名稱)。

④ 選取 G2 儲存格,輸入公式「=IF($B$2="","",VLOOKUP($B$2, 在職資料,3,0))」。

⑤ 選取 J2 儲存格，輸入公式「=IF
($B$2="","",VLOOKUP($B$2, 在
職資料 ,4,0))」。接著將游標移到
功能區中任何位置，按滑鼠右鍵
開啟快顯功能表，執行「自訂功
能區」指令。

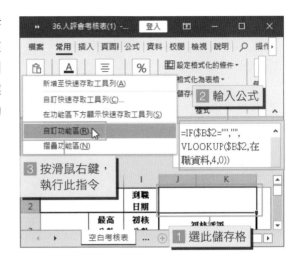

⑥ 開啟「Excel 選項」對話方塊，選
擇「自訂功能區」索引標籤，在
「自訂功能區」的主要索引標籤
項下，勾選「開發人員」項目，
按下「確定」鈕。

⑦ 切換到「開發人員」功能索引標
籤，在「控制項」功能區中，按
下「插入」清單鈕，執行「群
組方塊」（表單控制項）指令。

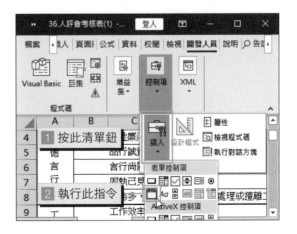

⑧ 拖曳群組方塊與 A4:G8 儲存格範圍相同大小,並按下滑鼠右鍵,執行「編輯文字」指令,刪除「群組方塊」字樣,使得群組方塊融入工作表中。

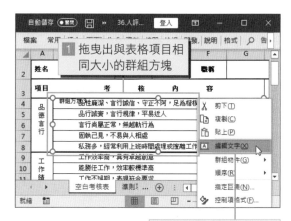

⑨ 接著在「開發人員 / 控制項」功能區中,按下「插入」清單鈕,執行 ⊙「選項按鈕」指令。

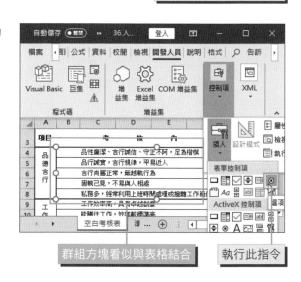

⑩ 拖曳選項按鈕與 B4:G4 儲存格範圍相同大小,並按下滑鼠右鍵,執行「編輯文字」指令,刪除「選項按鈕」字樣,使得選項按鈕融入工作表中。

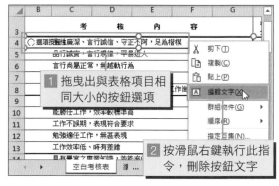

⑪ 將已經刪除文字的按鈕選項複製到下方，總共 5 個按鈕選項成為一個群組方塊。切換到「常用」功能索引標籤，在「編輯」功能區中，按下「尋找與選取」清單鈕，執行「選取物件」指令。

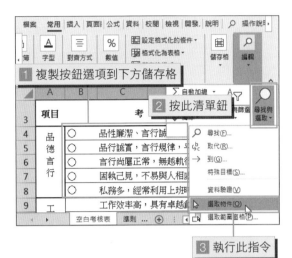

⑫ 此時游標符號會變成 ⍐，使用拖曳的方式選取群組方塊與 5 個按鈕選項。切換到「繪圖工具\格式」功能索引標籤，在「排列」功能區中，按下「組成群組」清單鈕，執行「組成群組」指令。

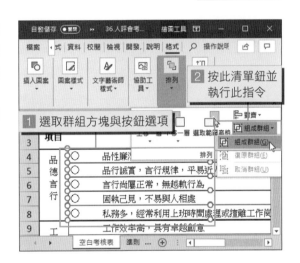

⑬ 將已經群組的物件複製到下方其他考核選項。

⑭ 選取群組中第一個按鈕選項，切換到「開發人員」功能索引標籤，在「控制項」功能區中，執行「屬性」指令。

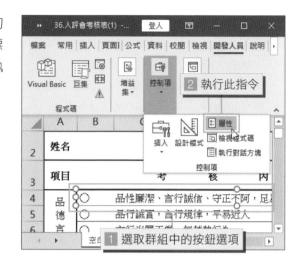

2 執行此指令

1 選取群組中的按鈕選項

⑮ 切換到「控制」索引標籤，將游標插入點移到「儲存格連結」空白處，選取工作表的 A8 儲存格，按下「確定」鈕。

1 切換到此標籤

2 插入點移到此

3 選此儲存格

4 按此鈕

⑯ 當使用者選取按鈕選項時，A8 儲存格就會顯示該按鈕選項在群組中對應的順序號碼，變更選項時亦會跟著變更。

當使用者選取選項時，此儲存格會顯示對應的序位數值

⑰ 按鈕選項製作完成後，就來設定公式，讓按鈕選項轉換成分數。請開啟範例檔「36 人評會考核表 (2).xlsx」，先切換到「準則項目」工作表，選取 F1:K3 儲存格，在「名稱方塊」中輸入範圍名稱為「分數準則」後，按下【Enter】鍵。

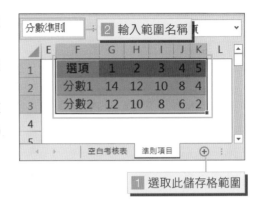

⑱ 切換回「空白考核表」工作表，選取 I4 儲存格，輸入公式「=IF(A8="","",HLOOKUP(A8, 分數準則 ,2,0))」，將公式複製到 I9 儲存格。

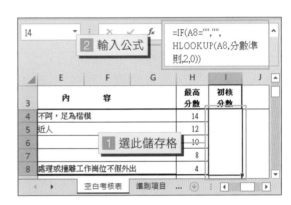

操作 MEMO　　**HLOOKUP 函數**

說明： 搜尋儲存格範圍（範圍：工作表上的兩個或多個儲存格。範圍中的儲存格可以相鄰或不相鄰。）的第一列，從相同範圍同一欄的任何儲存格傳回一個符合條件的值。HLOOKUP 中的 H 代表「水平」。

語法： HLOOKUP(lookup_value, table_array, row_index_num, [range_lookup])

引數： 將資訊提供給動作、事件、方法、屬性、函數或程序的值。

- Lookup_value（必要）。第一列中所要搜尋的值。
- Table_array（必要）。這是包含資料的儲存格範圍，但是 lookup_value 所搜尋的值必須在 table_array 的第一列。這些值可以是文字、數字或邏輯值，文字不區分大小寫。
- Row_index_num（必要）。在 table_array 中傳回相對應值的列號。
- Range_lookup（選用）。這是用以指定要 HLOOKUP 尋找完全符合或大約符合值的邏輯值。

⑲ 從 I14 儲存格開始，分數的比例和上兩組不同，因此要修改公式為「=IF(A18="","",HLOOKUP(A18,分數準則 ,3,0))」，並將公式複製到下方儲存格。

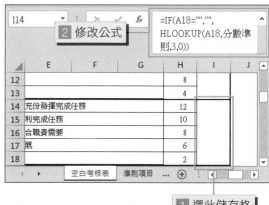

⑳ 各項指標的分數都已經設定完成，接著就要進行加總。選取 J31 儲存格，輸入公式「=IF(I4="","",SUM(I4:I43))」。

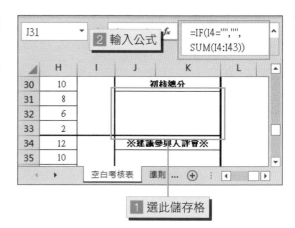

㉑ 分數優秀的員工除了績效獎金外，人評會還可以建議主管給予加薪或是升職的獎勵。切換到「開發人員」功能索引標籤，在「控制項」功能區中，按下「插入」清單鈕，執行「核取方塊」指令。

㉒ 拖曳繪製核取方塊，建立完後按滑鼠右鍵，開啟快顯功能表，執行「編輯文字」指令。

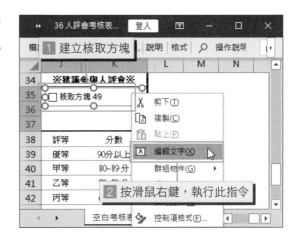

㉓ 輸入文字「建議調整薪資結構」，依照相同方法，再建立「建議調整職務」的核取方塊。

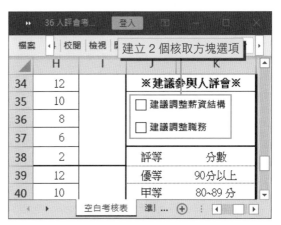

㉔ 終於到了最後階段，依照評核的分數，自動顯示評核等級。選取 J45 儲存格，輸入公式「=IF(J31="","",VLOOKUP(J31,等第,2,1))」，完成人評會考核表。

25 為了表格美觀,可將連結儲存格
字型設定成白色,如此當選取按
鈕被核取時,就不會顯示出參考
數值。

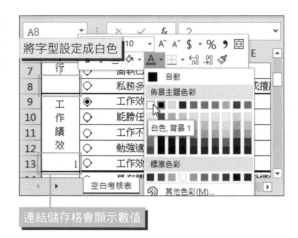

⬇ 範例檔案：CHAPTER 07\37 考核成績統計表

單元 >>>>>>
37　考核成績統計表

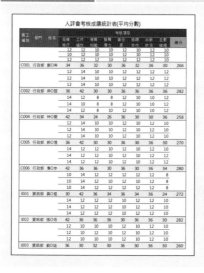

人評會考核成績統計表(平均分數)

人評會的成員不只一位，要將所有人的考核表分數統計加總，有一定的難度。但是善用 Excel 的功能，就能輕而易舉將格式相同的表格彙整加總。

範例步驟

① 請開啟範例檔「37 考核成績統計表 (1).xlsx」，不論是哪個評委或是統計工作表，除了分數之外，其他格式、標題位置、員工姓名順序都完全相同。

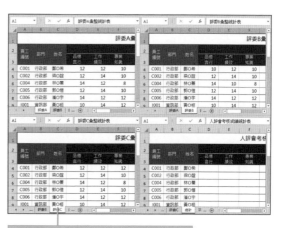

不同工作表，表格樣式位置都相同

② 切換到「總計」工作表,選取 D4 儲存格,切換到「資料」功能索引標籤,在「資料工具」功能區中,執行「合併彙算」指令。

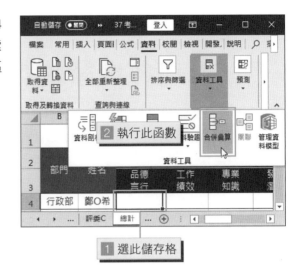

③ 開啟「合併彙算」對話方塊,函數選擇「加總」,將游標插入點移到「參照位址」空白處,切換到「評委 A」工作表,選取 D4:K26 儲存格,參照位址此時會顯示「評委 A!$D$4:$K$26」,按下「新增」鈕。

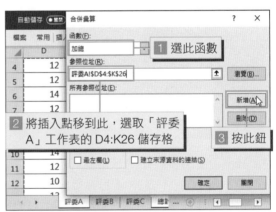

④ 此時「所有參照位址」處會增加一筆「評委 A!$D$4:$K$26」的資料。繼續新增參照位址,直接點選「評委 B」工作表標籤,這時參照位址會自動顯示「評委 B!$D$4:$K$26」,按下「新增」鈕。

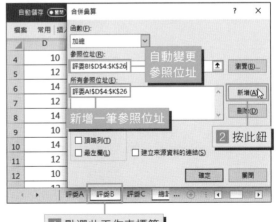

⑤ 依相同方法完成所有參照位址，最後按下「確定」鈕。

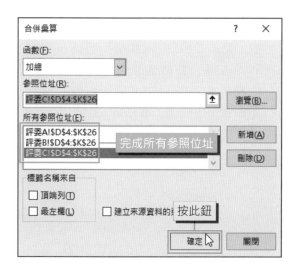

⑥ 回到「總計」工作表中顯示自動加總的分數。

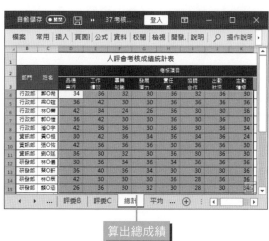

⑦ 切換到「平均」工作表，選取 D4 儲存格，再次執行「合併彙算」指令，開啟「合併彙算」對話方塊，依上述步驟新增所有參照位址，但是將函數由「加總」變更為「平均值」後，按下「確定」鈕。

⑧ 計算出個人各項指標的平均分數。選取 D4:D26 儲存格，切換到「常用」功能索引標籤，在「樣式」功能區中，按下「設定格式化的條件」清單鈕，選擇「資料橫條」類型下的「實心填滿\紅色資料橫條」樣式。

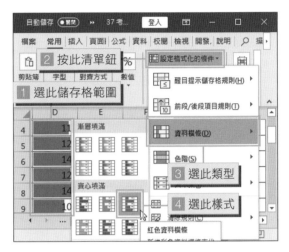

⑨ 重複同樣步驟，將各項指標填上不同顏色的資料橫條，利用資料橫條，很容易了解距離滿分還有多少的努力空間。

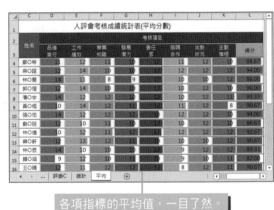

各項指標的平均值，一目了然。

⑩ 如果發現某位評委的分數登打時出現錯誤，對於已經彙算的結果造成影響，此時只需要修改評委的工作表資料，再重新執行一次「合併彙算」指令即可。當然也有一開始的預防措施，請開啟範例檔「37 考核成績統計表 (2).xlsx」，本範例複製原來「總計」工作表，變更名稱為「總計 - 連結」工作表。同樣選取 D4 儲存格，執行「合併彙算」指令。

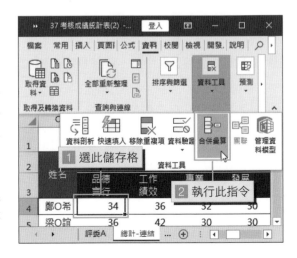

⑪ 因為這是複製原來的工作表，因此所有參照位址和函數都會自動顯示，只要勾選「建立來源資料的連結」選項，按下「確定」鈕。

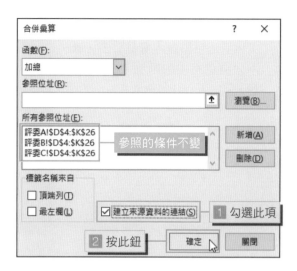

⑫ 工作表的分數會重新計算，並出現小計及大綱窗格。

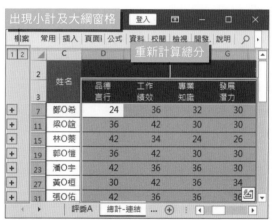

⑬ 切換到「評委 A」工作表，將 D4 儲存格數值由「2」修改為「12」。

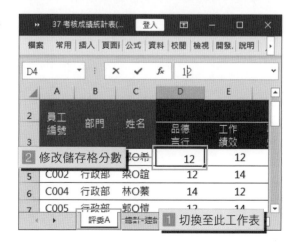

⑭ 修改完後切換到「總計-連結」工作表，自動修改總計分數。按下大綱窗格中的階層「2」數字鈕，看一下有什麼東西？

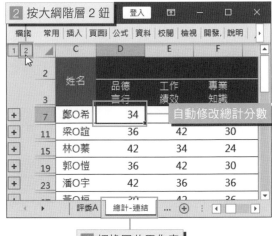

⑮ 展開來的原來是個人的明細分數。由於受到表頭格式的影響，列 4: 列 6 的明細資料格式與下方資料不同，可將列 7 的格式複製到列 4: 列 6 即可。

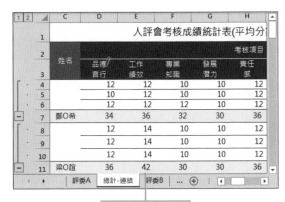

⑯ 最後再美化儲存格及設定版面配置，則完成人評會成績統計明細表。

單元 >>>>>>
38 各部門考核成績排行榜

範例檔案：CHAPTER 07\38 各部門考核成績排行榜

統計完員工的成績後，不妨將考核成績排名，一方面可以快速看出員工成績的好壞，另一方面可以藉此獎勵優秀員工或激勵表現待加強的員工。

考核成績排行榜(各部門)

員工編號	部門	姓名	考核項目								總分	排名
			品德言行	工作績效	專業知識	發展潛力	責任感	協調合作	出勤狀況	主動積極		
C001	行政部	鄭0皓	34	36	32	30	36	32	36	30	266	4
C002	行政部	陶0瑾	36	42	30	30	36	36	36	36	282	1
C004	行政部	林0薇	36	34	24	26	36	30	30	36	258	5
C005	行政部	卿0憶	36	42	30	36	36	30	36	30	270	3
C006	行政部	陽0宇	42	36	36	30	36	30	36	34	280	2
行政部 平均值			38	38	30	29	36	32	35	33	271	1
I001	資訊部	黃0楷	30	42	36	34	36	34	36	24	272	2
I002	資訊部	張0恬	42	36	36	36	30	36	36	30	282	1
I003	資訊部	劉0廷	36	30	32	30	36	30	36	30	260	3
資訊部 平均值			36	36	35	33	34	33	36	28	271	2
P001	研發部	林0僖	30	36	34	36	34	36	36	36	278	1
P002	研發部	鍾0軒	36	40	36	34	30	30	30	36	272	2
P004	研發部	林0辰	42	30	30	30	36	28	36	36	268	4
P005	研發部	劉0澄	26	36	30	32	30	28	30	34	246	7
P006	研發部	王0晴	36	34	36	36	36	24	36	34	272	2
P007	研發部	廖0齡	36	30	30	36	36	30	36	34	268	4
P008	研發部	林0勻	30	30	36	34	30	30	30	36	256	6
研發部 平均值			34	34	33	33	33	30	33	35	266	4
R001	財務部	林0羲	30	40	36	30	36	36	30	36	274	1
R002	財務部	莊0尹	42	30	30	30	30	30	36	36	264	2
財務部 平均值			36	35	33	33	33	30	36	33	269	3
S001	業務部	陳0霆	30	30	30	30	36	24	36	30	246	1
S002	業務部	鄭0霖	26	30	24	24	30	24	30	24	212	6
S003	業務部	盧0楨	30	36	30	30	30	24	30	30	240	2
S004	業務部	陳0伯	36	30	30	30	30	24	24	34	238	3
S006	業務部	陳0延	30	36	30	30	36	24	24	28	238	3
S007	業務部	莊0心	36	30	28	24	34	26	30	30	238	3
業務部 平均值			31	32	29	28	33	24	29	29	235	5
總計 平均數			35	35	32	31	34	29	33	32	260	

範例步驟

① 請開啟範例檔「38 各部門考核成績排行榜 (1).xlsx」，切換到「總排名」工作表，選取 M4 儲存格，切換到「公式」功能索引標籤，在「函數庫」功能區中，執行「插入函數」指令。

② 由於在各類函數中找不到 RANK 函數，因此在「搜尋函數」空白處中輸入文字「排名」，按「開始」鈕。

③ 在「選取函數」中出現建議的函數，選擇「RANK」函數，按「確定」鈕。

④ 開啟 RANK 函數引數對話方塊，在引數 Number 處，選取 L4 儲存格；引數 Ref 處，選取 L4:L26 儲存格範圍，並按【F4】鍵，使儲存格範圍變成絕對位址，按「確定」鈕。完整公式為「=RANK(L4,$L$4:$L$26)」。

操作 MEMO　RANK 函數

說明： 傳回數字在數列中的排名。

語法： RANK(number,ref,[order])

引數： 將資訊提供給動作、事件、方法、屬性、函數或程序的值。

　　　　・Number（必要）。要找出其排名的數字或儲存格。

　　　　・Ref（必要）。指數列的陣列或參照位址。

　　　　・Order（選用）。指定排列數值方式的數字。

⑤ 接著將 M4 儲存格公式拖曳向下複製到 M26 儲存格，此時會自動將排名完成。選取 M4:M26 儲存格，切換到「常用」功能索引標籤，按下「設定格式化的條件」清單鈕，選擇「前段 / 後段項目規則」項下的「最後 10 個項目」。

⑥ 開啟「最後 10 個項目」對話方塊，使用預設的規則和格式，按下「確定」鈕。

⑦ 排名前 10 名的員工都有醒目提醒。

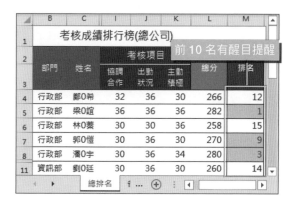

⑧ 如果要做成排行榜，當然是要依照名次作為順序列表。選取 A3:M26 儲存格範圍，切換到「資料」功能索引標籤，在「排序與篩選」功能區中，執行「排序」指令。

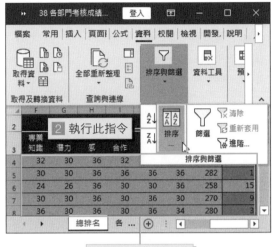

1 選擇儲存格範圍

⑨ 開啟「排序」對話方塊，設定排序方式依照「排名」的值，由「最小到最大」排序條件，按「確定」鈕。

1 設定排序條件

2 按此鈕

⑩ 工作表資料依照排名順序重新排序。

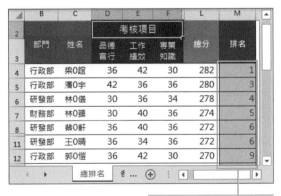

資料依照名次重新排序

⑪ 如果想要知道各部門的第一名是誰，只要在不同的部門員工公式中，使用不同的 Ref 引數範圍。請切換到「各部門排名」工作表，本工作表資料是依照「部門」及「員工編號」順序排列，選取 A3:L26 儲存格範圍，先切換到「資料」功能索引標籤，在「大綱」功能區中，執行「小計」指令。

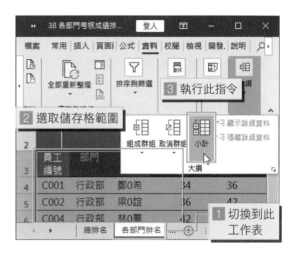

⑫ 開啟「小計」對話方塊，「分組小計欄位」選擇「部門」；「使用函數」選擇「平均值」；「新增小計位置」勾選全部考核項目及「總分」，按下「確定」。

⑬ 工作表依照部門別有明顯的區隔。選取 M4 儲存格，切換到「公式」功能索引標籤，按下「其他函數」清單鈕，執行「統計\RANK.EQ」函數。

⑭ 開啟 RANK.EQ 函數引數對話方塊,在引數 Number 處,選取 L4 儲存格;引數 Ref 處,選取 L4:L8 儲存格範圍,並按【F4】鍵,使儲存格範圍變成絕對位址,按「確定」鈕。

⑮ 將 M4 儲存格公式「=RANK.EQ(L4,$L$4:$L$8)」複製到所有行政部門員工;選取 M10 儲存格輸入公式為「=RANK.EQ(L10,$L$10:$L$12)」,並複製到資訊部員工;以此類推…完成所有的公式。

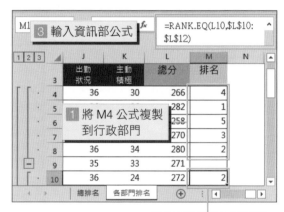

⑯ 完成所有公式後,每個員工在該部門的排名一清二楚。

TIPS ≫ RANK 函數和 RANK.EQ 函數有什麼不同?其實是一樣的函數,只是 RANK 函數是舊版 Excel 的函數,為了相容性而被保留下。新版的 RANK.EQ 函數還有一個兄弟 RANK.AVG 函數,兩者的不同是在遇到相同排名時,顯示名次的方式不同。

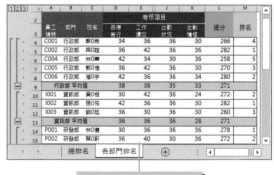

⑰ 各部門的榜首也可以使用格式化
條件凸顯出來。選取 M4:M31 儲
存格,切換到「常用」功能索引
標籤,按下「設定格式化的條
件」清單鈕,執行「前段 / 後段
項目規則」指令,選擇為「最後
10 個項目」。

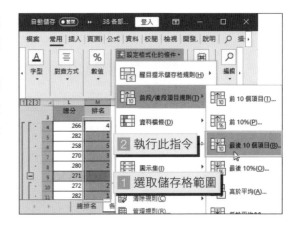

⑱ 只要格式化排在最後「1」名的儲
存格,選擇不同的儲存格樣式,
按下「確定」鈕。

⑲ 各部門的第一名都被明顯標示。

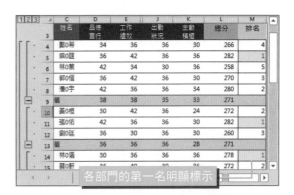

⑳ 按下「階層 2」的按鈕,將各部
門的明細資料隱藏起來,僅顯示
部門的平均分數。至於要如何設
定排名公式呢?既然只有 5 個部
門,那就自己排名吧!

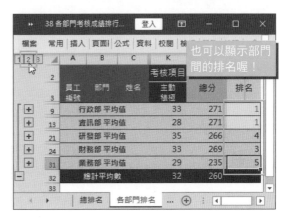

單元 >>>>>>> 39　範例檔案：CHAPTER 07\39 個人考核成績查詢

個人考核成績查詢

人評會考核個人成績查詢

員工編號	C002	員工姓名	梁O誼
部門別	行政部	總排名	1
總分	94.0	等級	優等

考核項目	平均分數
品德言行	12.0
工作績效	14.0
專業知識	10.0
發展潛力	10.0
責任感	12.0
協調合作	12.0
出勤狀況	12.0
主動積極	12.0

統計完員工成績後，除了製作排行榜外，還可以製作員工個人成績查詢表，方便快速查詢。員工查詢表只要輸入員工編號，就會出現各項考核成績，還可以做成雷達圖，分析各方面的工作能力。

範例步驟

① 請開啟範例檔「39 個人考核成績查詢 (1).xlsx」，切換到「平均分數」工作表。選取 D3:K3 儲存格，切換到「常用」功能索引標籤，在「剪貼簿」功能區中，執行「複製」指令。

② 切換回「員工考核查詢」工作表，選取 B7 儲存格，繼續在「常用 \ 剪貼簿」功能區中，按下「貼上」清單鈕，執行 🗗 「轉置」指令。

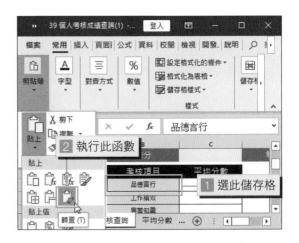

③ 儲存格內容從橫列變成縱欄顯示。選取 B7:B14 儲存格，按滑鼠右鍵開啟快顯功能表，按下「字型大小」清單鈕，重新選擇大小為「14」。

④ 接著選取 C2 儲存格，切換到「資料」功能索引標籤，執行「資料驗證」指令，開啟「資料驗證」對話方塊，設定儲存格內允許「清單」，選取資料來源為「= 平均分數 !$A$4:$A$26」，按「確定」鈕。

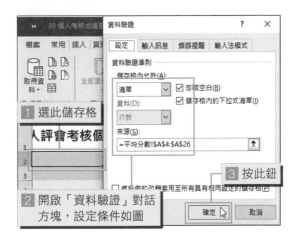

⑤ 選取 E2 儲存格，輸入公式「=IF($C$2="","",VLOOKUP($C$2, 平均分數!$A$3:$N$26,3,0))」。

⑥ 依照下圖將各項目的引數數值，套入 VLOOKUP 函數參照公式的第 3 個引數 Col_index_num 位址（以 # 代替），陸續完成。套入公式為「=IF($C$2="","",VLOOKUP($C$2, 平均分數!$A$3:$N$26,#,0))」

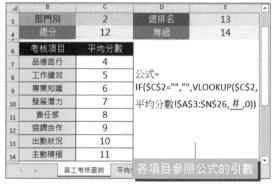

⑦ 輸入完參照公式後，選取 B6:C14 儲存格範圍，切換到「插入」功能索引標籤，按下 「插入瀑布圖、漏斗圖、股票圖、曲面圖或雷達圖」清單鈕，在「雷達圖」項目中，選擇「帶有資料標記的雷達圖」類型。

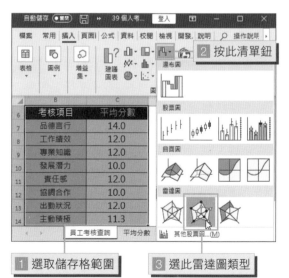

⑧ 適當調整雷達圖的位置及大小，按下圖表旁的 ⊞「圖表項目」選項鈕，取消勾選「圖表標題」項目。

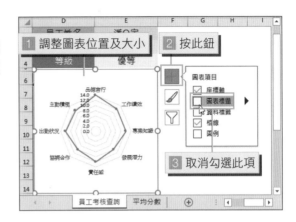

⑨ 繼續選取圖表區，切換到「圖表工具\格式」功能索引標籤，按下「圖案填滿」清單鈕，先選擇「金色, 輔色 4, 較淺 40%」顏色；再次按下「圖案填滿」清單鈕，選擇「漸層\變化\從中央」樣式。

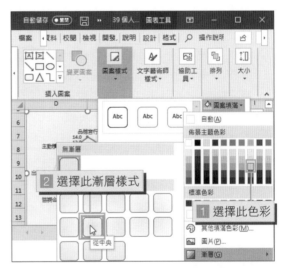

⑩ 選取圖表區中的類別標籤，切換到「常用」功能索引標籤，按下「字型大小」清單鈕，調整字型大小為「11」。

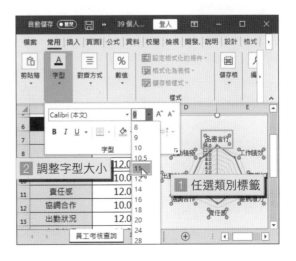

⑪ 選取「雷達圖（數值）軸 主要格線」物件，切換到「圖表工具 \ 格式」功能索引標籤，按下「圖案樣式」的清單鈕，選擇「輕微線條，輔色 2」樣式。

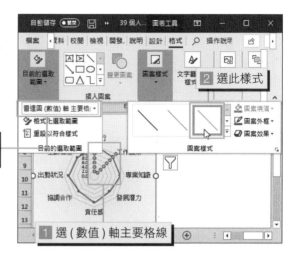

此處會顯示選取物件名稱

1 選（數值）軸主要格線

⑫ 選取「數列 " 平均分數 "」物件，按下「圖案外框」清單鈕，選擇「淺綠」外框色彩。再次按下「圖案外框」清單鈕，選擇外框「寬度」為「3 點」。

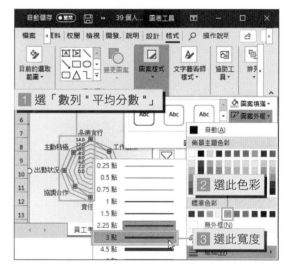

1 選「數列 " 平均分數 "」

2 選此色彩

3 選此寬度

⑬ 個人成績查詢表不但可以查詢考核分數外，還可以透過即時的雷達圖，分析員工的工作特質，越是全方位優秀的員工，圖形會越接近主要格線的八角形。

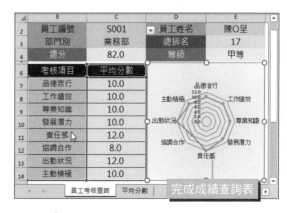

完成成績查詢表

薪資管理系統

⬇ 範例檔案：CHAPTER 08\40 員工薪資異動記錄表

單元 ⟫⟫⟫⟫⟫
40　員工薪資異動記錄表

員工薪資異動申請表　　　製表日期：

員工編號	姓名	部門	調整月份		調整後薪資			調薪理由	原始薪資結構			
			調年	調月	新薪	全勤獎金	最高薪資		新薪	全勤獎金	調整前薪	調整金額
S001	陳○星	業務部	2019	1	43,000	1,000	$ 44,000	年度調薪	41,000	2,000	2,000	- 1,000
S002	劉○群	業務部	2019	1	28,000	1,000	$ 29,000	年度調薪	26,000	2,000	2,000	- 1,000
S003	陳○棋	業務部	2019	1	25,500	1,000	$ 26,500	年度調薪	23,500	2,000	2,000	- 1,000
S004	陳○延	業務部	2019	1	25,500	1,000	$ 26,500	年度調薪	23,500	2,000	2,000	- 1,000
S006	陳○廷	業務部	2019	1	24,500	1,000	$ 25,500	年度調薪	22,500	2,000	2,000	- 1,000
S007	莊○心	業務部	2019	1	24,500	1,000	$ 25,500	年度調薪	22,500	2,000	2,000	- 1,000
P001	林○鐘	研發部	2019	1	46,000	3,000	$ 49,000	年度調薪	46,000	2,000		1,000
P002	蔡○軒	研發部	2019	1	40,000	3,000	$ 43,000	年度調薪	40,000	2,000		1,000
P004	林○銘	研發部	2019	1	36,000	3,000	$ 39,000	年度調薪	36,000	2,000		1,000
P005	謝○緯	研發部	2019	1	34,000	3,000	$ 37,000	年度調薪	34,000	2,000		1,000
P006	王○禎	研發部	2019	1	34,000	3,000	$ 37,000	年度調薪	34,000	2,000		1,000
P007	陳○麟	研發部	2019	1	36,000	3,000	$ 39,000	年度調薪	36,000	2,000		1,000
P008	張○勻	研發部	2019	1	34,000	3,000	$ 37,000	年度調薪	34,000	2,000		1,000
C001	鄭○希	行政部	2019	1	37,000	2,000	$ 39,000	年度調薪	36,000	2,000	1,000	
C002	楊○庭	行政部	2019	1	32,000	2,000	$ 34,000	年度調薪	31,000	2,000	1,000	
C004	林○郁	行政部	2019	1	29,000	2,000	$ 31,000	年度調薪	28,000	2,000	1,000	
C005	劉○慢	行政部	2019	1	27,000	2,000	$ 29,000	年度調薪	26,000	2,000	1,000	
C006	楊○宇	行政部	2019	1	27,000	2,000	$ 29,000	年度調薪	26,000	2,000	1,000	
I001	黃○娟	資訊部	2019	1	31,000	2,000	$ 33,000	年度調薪	30,000	2,000	1,000	
I002	陳○佑	資訊部	2019	1	34,000	2,000	$ 36,000	年度調薪	33,000	2,000	1,000	
I003	莊○旻	資訊部	2019	1	31,000	2,000	$ 33,000	年度調薪	30,000	2,000	1,000	
R001	何○緯	財務部	2019	1	32,000	2,000	$ 34,000	年度調薪	31,000	2,000	1,000	
R002	范○尹	財務部	2019	1	28,000	2,000	$ 30,000	年度調薪	27,000	2,000	1,000	

總經理：　　　　　行政經理：　　　　　會計主任：　　　　　製表人員：

員工不可能一進公司就不再調整薪資，隨著年資的增加、職務的變動、法令的修正，都有可能讓薪資有所異動，因此完整的調薪記錄，也就是員工努力工作的辛酸史。員工要調整薪資，會計人員總不能打開電腦説調就調，毫無依據。首先要先做員工薪資異動申請表，送交主管核准，才能變更。

範例步驟

① 請開啟範例檔「40 員工薪資異動記錄表 (1).xlsx」，切換到「薪資異動記錄表」工作表。遇到這種長長的工作表資料時，每當捲軸捲到下方時，就看到一堆數字，沒有標題欄的輔助，真不知道資料所代表的意義。首先切換到「檢視」功能索引標籤，在「視窗」功能區中，按下「凍結窗格」清單鈕，執行「凍結頂端列」指令，將標題列凍結在工作表的最上方。

② 當資料捲軸到下方時，標題列會乖乖的待在最上方。如果要讓 VLOOKUP 函數參照到最新的薪資記錄，必須將薪資記錄重新排序，讓同一名員工薪資記錄的最新資料都排在最上方。請切換到「資料」功能索引標籤，在「排序與篩選」功能區中，執行「排序」指令。

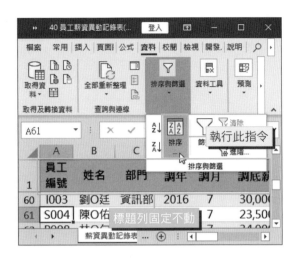

③ 開啟「排序」對話方塊，設定第一個排序條件依照「員工編號」的「儲存格值」，由「A 到 Z」排序，設定完後按「新增層級」鈕。

④ 設定第二個排序條件依照「調年」的「儲存格值」，由「最大到最小」排序，設定完後按「新增層級」鈕。

⑤ 接著設定第三個排序條件依照「調月」的「儲存格值」，由「最大到最小」排序，設定完後按「確定」鈕重新排序。

⑥ 工作表資料依照指定的方式重新排序。

⑦ 如果遇到要調整薪資時,就必須製作薪資異動表。請切換到「薪資異動申請表」工作表,選取 D4 儲存格,切換到「檢視」功能索引標籤,執行「凍結窗格\凍結窗格」指令,讓標題欄和標題列都乖乖的不動。

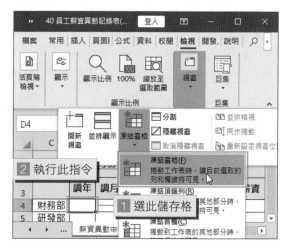

⑧ 選取 J4 儲存格,切換到「公式」功能索引標籤,執行「查閱與參照\VLOOKUP」函數,查詢員工原本的薪資結構。

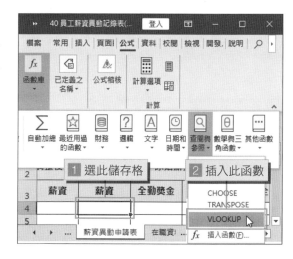

⑨ 開啟 VLOOKUP 函數引數對話方塊，設定第 1 個引數為「$A4」；第 2 個引數「薪資異動記錄表 !$A$2:$H$64」；第 1 個引數為「6」；第 4 個引數為「0」，按下「確定」鈕。

⑩ 複製 J4 公式到 K4 儲存格，並將原公式修改為「=VLOOKUP($A4, 薪資異動記錄表 !$A$2:$H$64,7, 0)」，選取 J4:K4 儲存格將公式複製到下方儲存格。

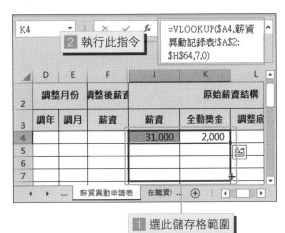

⑪ 選取 A4:K26 儲存格，切換到「資料」功能索引標籤，執行「排序」指令。

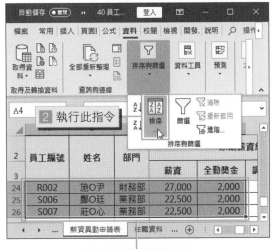

⑫ 由於選取範圍沒有標題列，因此選擇依「欄 C」（部門）來排序，順序處則按下「A 到 Z」旁的清單鈕，選擇「自訂清單」。

⑬ 開啟「自訂清單」對話方塊，在「清單項目」空白處依序輸入「業務部」、「研發部」、「行政部」、「財務部」和「資訊部」，每輸入一個項目後，按【Enter】鍵，繼續輸入下一個項目，全部輸入完畢，按下「新增」鈕。

⑭ 「自訂清單」窗格中出現剛輸入的清單項目。選擇新的項目清單，按下「確定」鈕。

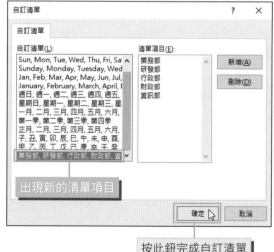

⑮ 回到「排序」對話方塊，所有排序條件都設定完成後，按「確定」鈕即可。

⑯ 假設 2019 年公司因應政策，決定從元月份起調整薪資結構，業務部門底薪增加 2000 元、全勤獎金減少 1000 元；研發部門的員工全勤獎金增加 1000 元；其他部門底薪增加 1000 元，依照上述條件分別在不同部門員工薪資上輸入調整值。

	A	B	C	L	M
2	員工編號	姓名	部門	薪資結構	
3				調整底薪	調整全勤
8	S006	鄭O廷	業務部	2,000	-　1,000
9	S007	莊O心	業務部	2,000	-　1,000
10	P001	林O儀	研發部		1,000
11	P002	蔡O軒	研發部		1,000
14	P006	王O晴	研發部		1,000
15	P007	康O甄	研發部		1,000
16	P008	林O勻	研發部		1,000
17	C001	鄭O希	行政部	1,000	
18	C002	梁O誼	行政部	1,000	
19	C004	林O蓁	行政部	1,000	

薪資異動申請表　在職資料

在此輸入調整值

⑰ 分別在 F4、G4 和 H4 儲存格中，輸入公式「=J4+L4」、「=K4+M4」和「=F4+G4」，並在 D4、E4 和 I4 儲存格中，輸入文字「2019」、「1」和「年度調薪」，輸入完成後，將 D4:I4 儲存格內容複製到下方儲存格。

	D	E	F	G	H	I
2	調整月份		調整後薪資			調薪理由
3	調年	調月	薪資	全勤獎金	最高薪資	
4	2019	1	43,000	1,000	$ 44,000	年度調薪
5	2019	1	28,000	1,000	$ 29,000	年度調薪
6						
7						
8			1 輸入相關文字及公式			
9						
10						
11						

薪資異動申請表　在職資料

2 拖曳複製儲存格內容

⑱ 完成表格內容後,列印成文件交給主管簽核。待主管簽核完畢,根據實際簽核的薪資內容再次調整本表格,更新之後,選取 A4:I26 儲存格範圍,切換到「常用」索引標籤,執行「複製」指令。

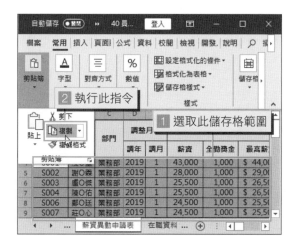

⑲ 切換到「薪資異動記錄表」工作表,選取 A65 儲存格,執行「貼上\貼上值」指令。

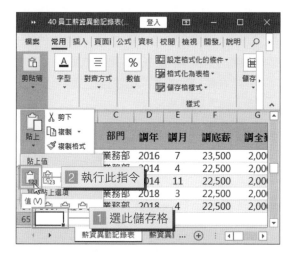

⑳ 新增的資料還不急著重新排序,要等生效日之後,再執行排序工作,否則計算薪資時,可能會參照到錯誤的資料。

	A	B	C	D	E	F	G
1	員工編號	姓名	部門	調年	調月	調底薪	調全勤
62	S005	吳O睿	業務部	2014	11	22,500	2,000
63	S006	鄭O廷	業務部	2018	3	22,500	2,000
64	(Ctrl) ▼ O心		業務部	2018	4	22,500	2,000
65	S001	陳O呈	業務部	2019	1	43,000	1,000
66	S002	謝O霖	業務部	2019	1	28,000	1,000
67	S003	盧O傑	業務部	2019	1	25,500	1,000
68	S004	陳O佑	業務部	2019	1	25,500	1,000
69	S006	鄭O廷	業務部	2019	1	24,500	1,000
70	S007	莊O心	業務部	2019	1	24,500	1,000
71	P001	林O儀	研發部	2019	1	46,000	3,000

新增調薪記錄

單元 >>>>>>> 41

⏬ 範例檔案：CHAPTER 08\41 扶養親屬登記表

扶養親屬登記表

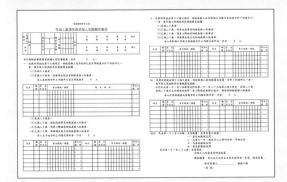

根據薪資所得扣繳辦法中，所有領薪水的員工(薪資受領人)，都要向公司(扣繳義務人)填報免稅額申報表，填寫依照所得稅法第17條規定准予減除免稅額之配偶及受扶養親屬之姓名、出生年月日及國民身分證統一編號等。若在年度進行中遇有異動者，應於發生之日起10日內，將異動後情形另行填表通知公司。若為增加扶養人數者，由次月起生效；若為減少者，則由次年1月1日起，依其異動情形辦理扣繳。

範例步驟

① 國稅局提供「員工薪資所得受領人免稅額申報表」，也就是「扶養親屬登記表」，檔案格式為PDF檔或是WORD檔，若是將WORD檔轉換成Excel檔，光是微調格式就夠折磨人了，不妨使用超連結的方式，或是貼上圖片檔的方式，將表格列印出來，提供員工填寫。請先開啟網際網路連結上「財政部南區國稅局」網站 (http:// www.ntbsa.gov.tw/)，下載「員工薪資所得受領人免稅額申報表」。

下載檔案

② 開啟已經下載的檔案備用，或開
　啟範例檔「41 員工薪資所得受領
　人免稅額申報表 .pdf」備用。

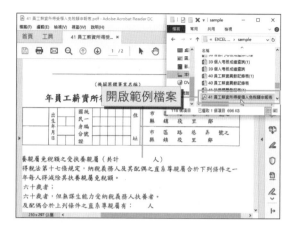

③ 新增活頁簿檔案，切換到「檢
　視」功能索引標籤，在「活頁簿
　檢視」功能區中，執行「整頁模
　式」指令；或按下狀態列上的 📱
　「整頁模式」圖示鈕，將檢視模
　式由標準模式轉換成整頁模式。

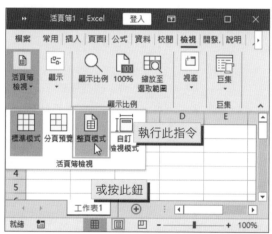

④ 切換到「插入」功能索引標籤，
　按下「螢幕擷取畫面」清單鈕，
　執行「畫面剪輯」指令。

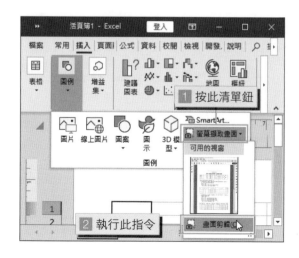

⑤ 趁視窗尚未變成白色之前，切換
到 PDF 檔案，當視窗變成白色
時，按住滑鼠拖曳選取表格範
圍，放開滑鼠則完成選取。選取
範圍會恢復原來色彩。

拖曳選取
表格範圍

⑥ 回到 Excel 檔案，自動將圖檔貼
在試算表中，按住圖片四周的控
制鈕，拖曳調整圖片與整頁範圍
大致相同。

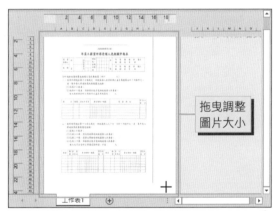

拖曳調整
圖片大小

⑦ 依相同方法將表格第二頁，剪貼
到活頁簿檔案中，最後列印出來
即可提供給員工填寫。如果覺得
圖檔的解析度不夠清晰，建議還
是直接列印 PDF 文件。

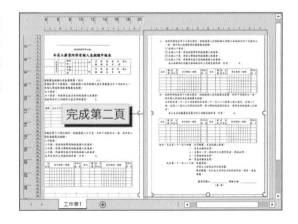

完成第二頁

8 請開啟範例檔「41 扶養親屬登記表 (1).xlsx」，筆者花了一點時間，將表格改成 Excel 檔案作為範例使用，切換到「扶養親屬表」工作表，選取 Y13 儲存格，切換到「公式」功能索引標籤，按下「其他函數\統計」清單鈕，執行「COUNTA」函數。

9 開啟 COUNTA 函數引數對話方塊，選取要計算的儲存格範圍「A16:D21」，按下「確定」鈕。

操作 MEMO　**COUNTA 函數**

說明： 計算指定範圍（範圍：工作表上的兩個或多個儲存格。範圍中的儲存格可以相鄰或不相鄰。）中，不是空白的儲存格數目。

語法： COUNTA(value1, [value2], ...)

引數： 將資訊提供給動作、事件、方法、屬性、函數或程序的值。

- Value1（必要）。代表所要計算儲存格範圍。
- Value2, ...（選用）。代表所要計算的其他儲存格範圍，最多有 255 個引數。

⑩ 當指定的儲存格範圍中輸入內容，公式就會自動計算出數量。

⑪ 分別在 X26 儲存格輸入公式「=COUNTA(A29:D34,W29:Z34)」；AE41 儲存格輸入公式「=COUNTA(A44:D49,W44:Z49)」及 AC54 儲存格輸入公式「=COUNTA(A57:D62,W57:Z62)」，最後在 W9 儲存格輸入公式「=Y13+X26+AE41+AC54」加總類別的統計值。

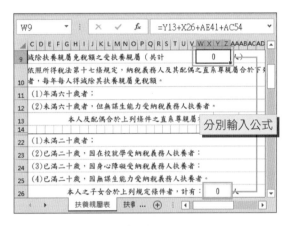

⑫ 選取 A3 儲存格，切換到「插入」功能索引標籤，在「連結」功能區中，執行「連結」指令。

⑬ 分別按下連結至:「現存的檔案或網頁」和查詢:「目前資料夾」鈕,選擇範例檔資料夾中的 PDF 檔案,按下「確定」鈕。

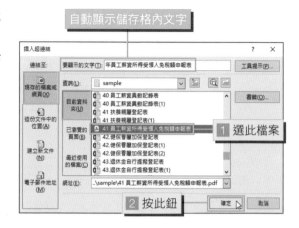

⑭ 儲存格文字變成超連結文字,亦可變更字型大小以符合表格標題的需要。不過重點不在表格本身的形式,重要的是員工填寫完之後,該如何處理這些資料。

⑮ 依照表格中扶養親屬的分類,作為扶養親屬統計表的欄標題,員工名冊作為列標題,將收集到的資料彙整到統計表,最後加上計算公式即可。請開啟範例檔「41 扶養親屬登記表 .xlsx」,切換到「扶養親屬人數」工作表,選取 I4 儲存格,切換到「公式」功能索引標籤,執行「自動加總」指令,選取加總範圍 E4:H4 儲存格,最後將公式複製到下方儲存格即可。

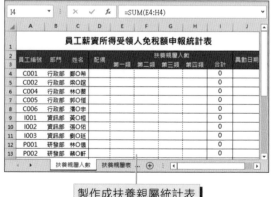

42 健保眷屬加保登記表

健保加保記表

序號	姓名	眷屬姓名	稱謂	身分證字號	出生日期 年	月	日	加保日期	實際薪資	投保薪資	退保日期	備註
1	鄭O希		本人	Q220***340	76年	10月	27日	92年6月1日	$ 33,000	33,300		
2	梁O誼		本人	A120***232	68年	5月	25日	95年5月14日	$ 28,000	28,800		
3	林O馨		本人	A220***704	81年	10月	15日	99年5月14日	$ 25,000	25,200		
4	鄧O惜		本人	B120***760	76年	9月	23日	102年2月28日	$ 23,000	24,000		
5	潘O宇		本人	A126***020	70年	12月	31日	102年3月31日	$ 23,000	24,000		
6	潘O宇	張O亮	父母	A210***567	35年	9月	17日	102年3月31日				
7	潘O宇	潘O王	父母	A120***456	33年	12月	20日	102年3月31日				

根據規定凡設籍超過 6 個月以上，均要強制參加全民健保，而有一定雇主之員工，其眷屬若沒有工作，就以眷保的身分與員工一起在公司投保，費用的部分與員工相同，雇主並不用多負擔眷屬的健保費，只需盡到代扣代繳的責任。

範例步驟

① 由於加保時要填寫投保薪資，因此要參照調薪記錄，才能以正確薪資投保，由於眷屬與員工需扣相同費用，所以無須區分本人或眷屬來統計人數。請開啟範例檔「42 健保眷屬加保登記表 (1).xlsx」，切換到「健保加保登記表」工作表，選取 J4 儲存格，輸入公式「=IF(C4="", VLOOKUP(B4,' 薪資異動記錄表 '!B2:H87,7,0),"")」，並將公式複製到下方儲存格。IF 函數主要是判定如果是眷屬加保，實際薪資就顯示空白。

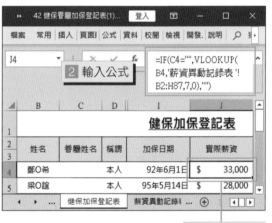

2 輸入公式
=IF(C4="",VLOOKUP(B4,'薪資異動記錄表 '!B2:H87,7,0),"")

	健保加保登記表				
姓名	眷屬姓名	稱謂	加保日期	實際薪資	
鄭O希		本人	92年6月1日	$ 33,000	
梁O誼		本人	95年5月14日	$ 28,000	

1 選此儲存格

② 選取 K4 儲存格，先執行「資料
\資料工具\資料驗證」指令，
開啟「資料驗證」對話方塊，在
「設定」索引標籤，儲存格允許
「清單」項目，將游標插入點移
到來源空白處，切換到「公式」
功能索引標籤，按下「用於公
式」清單鈕，執行「健保月投保
薪資」指令。

③ 繼續在「資料驗證」對話方塊，
切換到「輸入訊息」索引標籤，
標題處輸入「注意！」，輸入訊息
處輸入「投保薪資不得低於實際
薪資！」，按下「確定」鈕。

④ 當選取 K4 儲存格後，就會出現
提示訊息及清單鈕。拖曳複製資
料驗證項目到下方儲存格。

⑤ 請開啟範例檔「42 健保眷屬加保
登記表 (2).xlsx」，切換到「投保
人數統計表」工作表，選取 D3
儲存格，輸入公式「=COUNTIF
(健保加保登記表 !$B$4:$B$10,
投保人數統計表 !C3)」。

⑥ 選取 E3 儲存格，輸入公式「=
VLOOKUP(C3, 健保加保登記表 !
B4:K10,10,0)」。

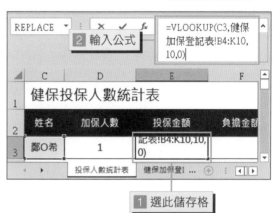

⑦ 切換到「健保級距表」工作表，
選取 B4:F52 儲存格，切換到
「公式」功能索引標籤，在「已
定義之名稱」功能區中，執行
「名稱管理員」指令。

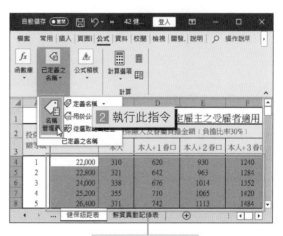

⑧ 開啟「名稱管理員」對話方塊，
按下「新增」鈕。

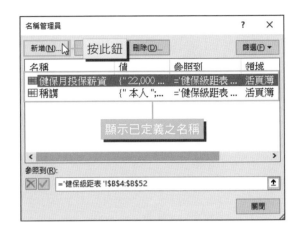

⑨ 在「新名稱」對話方塊中輸入名
稱「健保負擔金額表」，參照到範
圍即為剛選取的儲存格範圍，按
下「確定」鈕。

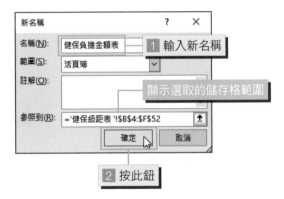

⑩ 確認已新增範圍名稱「健保負擔
金額表」，按「關閉」鈕。

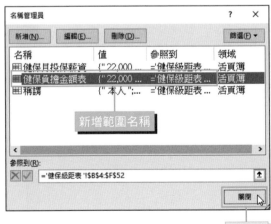

⑪ 切換回「投保人數統計表」工作表，選取 F3 儲存格，執行「公式 \ 查閱與參照 \VLOOKUP」函數，開啟 VLOOKUP 函數引數對話方塊，分別輸入函數引數為「E3」、「健保負擔金額表」及「D3+1」，省略第 4 個引數，按「確定」鈕。第 3 個引數為「D3+1」是因為在負擔金額表中，第 2 欄開始才是加保 1 人（本人）所要負擔的金額，而「D3+1」剛好等於 2。

⑫ 但是依照健保規定，不論眷保人數有幾個人，最多以 3 人計費，因此本人加眷屬超過 4 個人，還是只收 4 個人的保費。因此公式就要稍微修改一下，當「D3」大於 4 時，還是顯示數值 4。修改後公式為「=VLOOKUP(E3, 健保負擔金額表 ,IF(D3>4,4,D3+1))」。

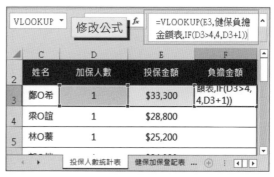

⑬ 由於規定在公司任職的員工一定要加健保，所以原則上不會有投保人數為 0 的狀況，但是如果是兼職員工或是有特殊原因不在公司加入健保，則必須寫切結書佐證。此時可以將公式加上如果投保人數為 0 時，負擔金額則顯示 0 值的 IF 函數，修改後的公式為「=IF(D3=0,0,VLOOKUP(E3, 健保負擔金額表 ,IF(D3>4,4,D3+1)))」。

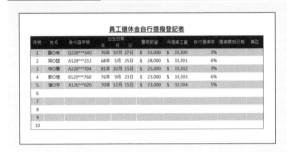

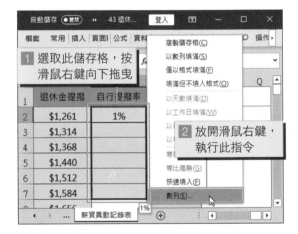

單元 >>>>>>

⊥ 範例檔案：CHAPTER 08\43 退休金自行提撥登記表

43 退休金自行提撥登記表

根據勞基法規定，公司應為員工按月提繳不低於其每月工資 6％ 勞工退休金，儲存於勞保局設立之勞工退休金個人專戶。專戶所有權屬於員工本人，不會因為轉換工作而受影響。員工也可以另外在每月工資 6％ 範圍內，自行提繳退休金，員工個人自願提繳部分，得自當年度個人綜合所得總額中全數扣除。

範例步驟

① 請開啟範例檔「43 退休金自行提撥登記表 (1).xlsx」，切換到「薪資異動記錄」工作表。N2 儲存格中的數值是以百分比顯示，如果直接拖曳以數列填滿，會以 1 為單位，第 2 欄則會變成「101％」，而不是「2％」。選取 N2 儲存格，按住滑鼠右鍵向下拖曳到 N7 儲存格，放開滑鼠右鍵，執行「數列」指令。

② 開啟「數列」對話方塊，類型選擇預設的「等差級數」，間距值輸入「0.01」，按「確定」鈕。

③ 自行提撥率會按照百分之 1 的級距向下填滿。選擇 O2 儲存格，按住滑鼠右鍵直接向下拖曳，放開滑鼠後，執行「快速填入」指令。

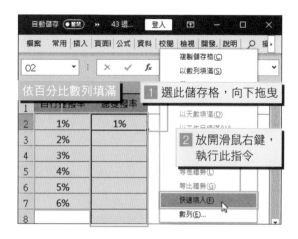

④ O3:O7 儲存格會自動填入與 N3:N7 儲存格相同的數值，但是 N8 儲存格沒有數值，所以 O8 儲存格也不會有數值。選取 O6:O7 儲存格範圍，向下拖曳到 O13 儲存格。

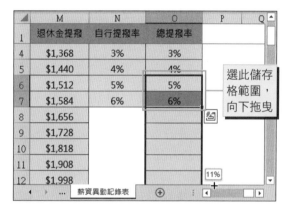

⑤ O8:O13 儲存格會依照 O6:O7 儲存格的間距值，自動以數列填滿。選取 N1:N7 儲存格，切換到「公式」功能索引標籤，執行「從選取範圍建立」指令。

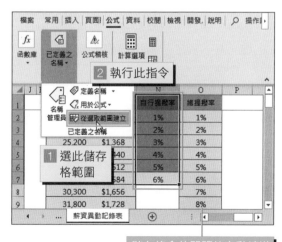

⑥ 開啟「以選取範圍建立名稱」對話方塊，勾選「頂端列」，按下「確定」鈕。

⑦ 切換到「退休金提撥登記表」工作表，選取 G4 儲存格，輸入公式「=VLOOKUP(B4, 薪資異動表,7,0)」，參照薪資異動表中的實際薪資。依照 G4 儲存格所參照的值，在已經設定好資料驗證的 H4 儲存格選取適當的月提繳工資。

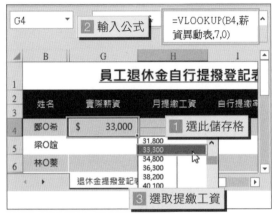

⑧ 本範例也事先在 I4 儲存格設定資料驗證，但設定的清單來源會造成百分比顯示錯誤，因此要修改參照來源。選取 I4 儲存格，執行「資料 \ 資料驗證 \ 資料驗證」指令，開啟「資料驗證」對話方塊，在「設定」索引標籤，按下「全部清除」鈕。

⑨ 重新設定儲存格內允許「清單」，將插入點移到「來源」空白處，切換到「公式」功能索引標籤，按下「用於公式」清單鈕，執行「自行提撥率」指令，按「確定」鈕。

⑩ 最後依照員工的意願填入自行提撥率，以月提繳工資的 6% 為上限，當然也可以不要提撥。

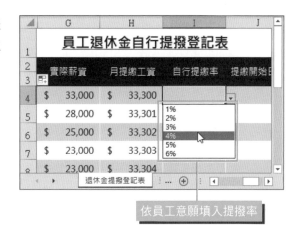

依員工意願填入提撥率

⑪ 到底要自行提撥交給勞動基金代管，還是要留下來自己存，我們先假設月提繳薪資為「24,000」元，先以雇主強制提撥的 6% 來計算，如果在勞動局保證的最低報酬率「1.4%」利率下，年資10 年，個人退休金帳戶有多少錢？（最低報酬率不得低於 2 年期定期儲蓄存款）。請切換到「退休專戶試算」工作表，依照上述條件，輸入到對應的儲存格，輸

入完成選取 C6 儲存格，切換到「公式」功能索引標籤，在「函數程式庫」功能區中，按下「財務」清單鈕，執行「FV」函數。

⑫ 開啟 FV 函數引數對話方塊，在第 1 個引數輸入「C4/12」，年利率要改成月利率；第 2 個引數輸入「C5*12」，年資要改成月份；第 3 個引數輸入「-C2* C3」，每月提繳的金額，記得要以負數輸入；第 4 個引數省略；第 5 個引數輸入「0」，表示期末到期，按下「確定」鈕。

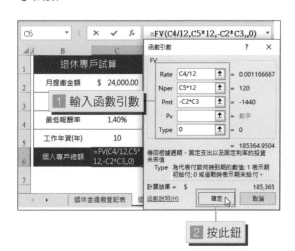

2 按此鈕

操作 MEMO　　FV 函數

說明： 傳回根據週期、固定支出及固定利率的投資未來值。

語法： FV(rate,nper,pmt,[pv],[type])

引數： 將資訊提供給動作、事件、方法、屬性、函數或程序的值。

- Rate（必要）。各期的利率。
- Nper（必要）。年金的總付款期數。
- Pmt（必要）。這是各期給付的金額；不得在年金期限內變更。pmt 包含本金和利息，但不包含其他的費用或稅款。與 pv 引數須擇一使用。
- Pv（選用）。未來付款的現值或目前總額。與 pmt 引數須擇一使用。
- Type（選用）。數字 0 或 1，指出付款期限。

---

⑬ 計算出個人專戶內的金額。由於計算出來的金額會有小數點，因此將原來的公式，加上 Round 函數，讓數值四捨五入到整數位，修改後公式為「=ROUND(FV(C4/12,C5*12,-C2*C3,,0),0)」。若要讓儲存格數值更美觀，可以切換到「常用」功能索引標籤中，執行 「減少小數位數」指令。

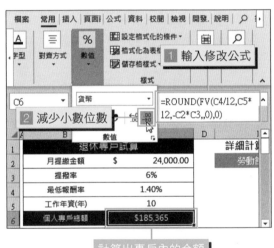

⑭ 勞動部網站也提供員工試算公式，內容增加預計薪資可能調動的成長率。不妨設定連結到網站，方便日後使用。選取 E2 儲存格，切換到「插入」功能索引標籤，執行「超連結」指令。

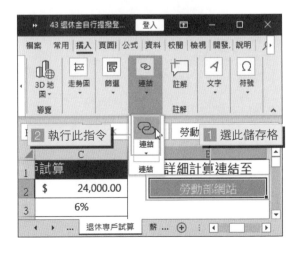

⑮ 直接輸入網址：「https://calc.mol. gov.tw/trial/personal_account_ frame.asp」，按下「確定」鈕。

⑯ 儲存格內文字出現超連結。按下 超連結，另外開啟瀏覽器。

⑰ 開啟勞動部網站試算區網頁，輸 入相關條件也可以算出退休金專 戶的金額。當然這些都只是概 算，詳細的算法還要考慮薪資變 動，影響提繳金額；每年勞動基 金的收益率都不同，這些都會影 響未來專戶內的金額。

單元 >>>>>>>

⬇ 範例檔案：CHAPTER 08\44 健保補充保費計算表

44 健保補充保費計算表

姓名	發放日期	獎金項目	投保金額	4倍投保金額	發放獎金	累計獎金金額	超過4倍發放獎金	補充保費獎金	補充保費金額
部O銘	107/2/1	年終獎金	33,300	133,200	83,250	83,250	-		$ -
部O銘	107/3/15	績效獎金	33,300	133,200	49,950	133,200	-		$ -
部O銘	107/5/15	端午獎金	33,300	133,200	5,000	138,200	5,000	5,000	$ 96
部O銘	107/9/15	中秋獎金	33,300	133,200	5,000	143,200	10,000	5,000	$ 96
部O銘 合計						143,200			
邱O凱	107/2/1	年終獎金	26,400	105,600	66,000	66,000	-		$ -
邱O凱	107/3/15	績效獎金	26,400	105,600	39,600	105,600	-		$ -
邱O凱	107/5/15	端午獎金	26,400	105,600	3,000	108,600	3,000	3,000	$ 57
邱O凱	107/9/15	中秋獎金	26,400	105,600	3,000	111,600	6,000	3,000	$ 57
邱O凱 合計						111,600			
徐O檀	107/2/1	年終獎金	25,200	100,800	65,000	65,000	-		$ -
徐O檀	107/3/15	績效獎金	25,200	100,800	37,800	100,800	-		$ -
徐O檀	107/5/15	端午獎金	25,200	100,800	3,000	103,800	3,000	3,000	$ 57
徐O檀	107/9/15	中秋獎金	25,200	100,800	3,000	106,800	6,000	3,000	$ 57
徐O檀 合計						106,800			
葉O宇	107/2/1	年終獎金	30,300	121,200	75,750	75,750	-		$ -
葉O宇	107/3/15	績效獎金	30,300	121,200	45,450	121,200	-		$ -
葉O宇	107/5/15	端午獎金	30,300	121,200	5,000	126,200	5,000	5,000	$ 96
葉O宇	107/9/15	中秋獎金	30,300	121,200	5,000	131,200	10,000	5,000	$ 96
葉O宇 合計						131,200			
總計						492,800			

二代健保上路之後，補充保費的問題真讓人頭疼，光了解哪些狀況需要扣繳補充保費就令人摸不著頭緒，更何況「全年累計超過投保金額4倍部分的獎金」的記錄和計算問題，更讓人傷透腦筋，那我們就針對獎金這個部分來處理吧！

範例步驟

① 依照規定補充保險費單次給付獎金未達 20,000 元時，不扣補充保費；但逾當月投保金額四倍部分之獎金不論是否低於 20,000 元，須全額計收補充保險費。請開啟範例檔「44 健保補充保費計算表 (1).xlsx」，切換到「補充保費計算表」工作表。選取 E3 儲存格，輸入公式「=D3*4」，計算 4 倍投保金額。

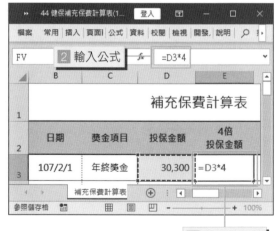

1 選此儲存格

② 選取 G3 儲存格，輸入公式「=
SUM($F$3:F3)」，計算累計獎金
金額。我們將加總範圍的開始固
定為絕對位址 F3 儲存格，結束為
浮動的相對位址 F3 儲存格，當公
式向下複製時，只有結束位置會
變動，這樣就可以計算累計獎金
金額。

選此儲存格並輸入公式

③ 選取 H3 儲存格，輸入公式「=IF
(G3-E3<0,0,G3-E3)」，計算累計
獎金超過 4 倍月投保金額的差
異數，當差異數為負數時，則以
「0」值顯示。

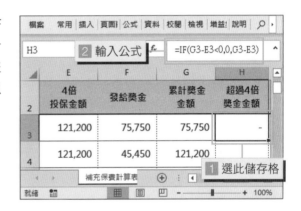

④ 選取 I3 儲存格，切換到「公式」
功能索引標籤，在「函數庫」功
能區中，按下「自動加總」清單
鈕，執行插入「最小值」函數，
計算補充保費基數。

⑤ MIN 函數自動出現引數「D3:H3」，先按【Del】鍵，將預設引數刪除；再按【Ctrl】鍵，分別選取「F3」及「H3」儲存格，作為 MIN 函數新的引數；最後按下資料編輯列上的 ✔「輸入」鈕。完整公式為「=MIN(F3, H3)」，公式的意思是在「發給獎金」及「超過 4 倍獎金金額」兩者之間取最小值，作為補充保費基數。

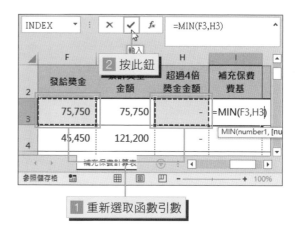

⑥ 依照補充保費基數乘上目前補充保費費率，計算應扣繳的補充保費。選取 J3 儲存格，輸入公式「=I3*$J$1」，記得要將目前費率的 J1 儲存格變成絕對位址。（或是另外定義 J1 儲存格為「目前費率」範圍名稱）

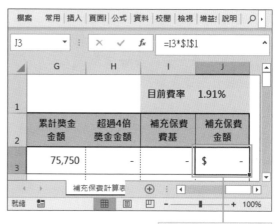

選此儲存格輸入公式

⑦ 獎金指所得稅法規定的薪資所得項目，且未列入投保金額計算之具獎勵性質之各項給予，如年終獎金、三節獎金、紅利等。像補助性質的結婚補助、教育補助、旅遊補助、喪葬補助、學分補助、醫療補助、保險費補助、交際費、差旅費、差旅津貼、慰問金、補償費等…，則不列入扣繳補充保險費獎金項目。

計算出應代扣的補充保費

⑧ 補充保費計算表看似方便，但是公司要管理的不只一人，此時可以利用計算表公式加以發揚光大。請開啟範例檔「44 健保補充保費計算表 (2).xlsx」，切換到「補充保費記錄表」工作表，已經利用小計功能加上計算表公式，製作成補充保費記錄表。假設公司加發中秋節獎金，若要新增資料，請先切換到「資料」功能索引標籤，在「大綱」功能區中，執行「小計」指令。

⑨ 開啟「小計」對話方塊，按下「全部移除」鈕，取消小計功能。

⑩ 切換到「中秋獎金」工作表，選取 A2:F5 儲存格範圍，按下滑鼠右鍵開啟快顯功能表，執行「複製」指令。

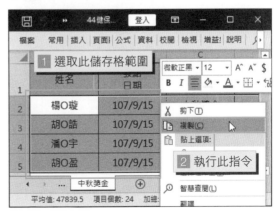

⑪ 在切換回「補充保費記錄表」工作表，選取 A14 儲存格，按滑鼠右鍵開啟快顯功能表，執行「貼上」指令複製中秋節獎金資料。

⑫ 接著選取 A1 儲存格，切換到「資料」功能索引標籤，在「排序與篩選」功能區中，按下 ↓ 「從 A 到 Z 排序」圖示鈕。（也就是依姓名重新排序）

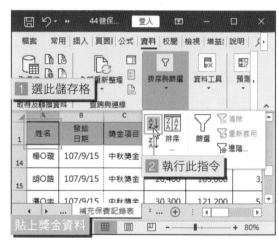

⑬ 所有獎金資料依照「姓名」重新排序完成。再次執行「小計」指令。

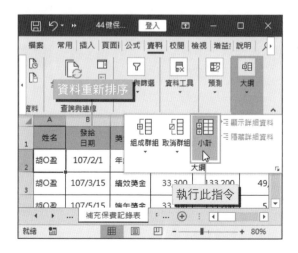

⑭ 開啟「小計」對話方塊，新增小
計位置中勾選「發給獎金」，按下
「確定」鈕。

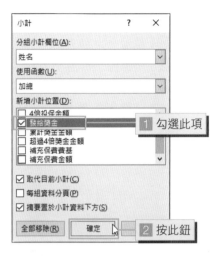

⑮ 重新計算小計欄位。由於新增
資料沒有套用公式，因此選取
G4:J4 儲存格範圍，使用拖曳的
方式複製公式到下一列。

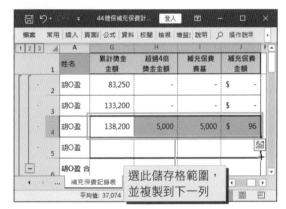

⑯ 最上方一位員工的資料及公式都
已經齊全。選取 G2:J6 儲存格範
圍，使用拖曳的方式，複製公式
到下方其他員工的儲存格。

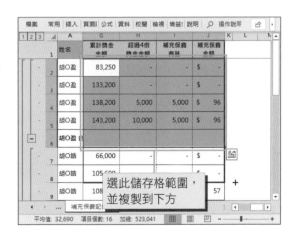

⑰ 所有員工的補充保費資料都已經計算完成，最後再整理一下儲存格格式比較美觀。那麼中秋節獎金到底有誰要繳交補充保費呢？這時候就利用篩選功能來看看。選取 A1 儲存格，切換到「資料」功能索引標籤，在「排序與篩選」功能區中，執行「篩選」指令。

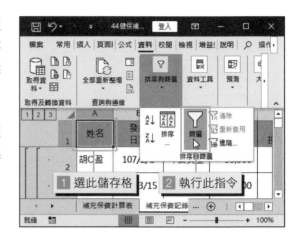

⑱ 標題列上出現篩選清單鈕，按下「獎金項目」篩選鈕，選擇「中秋獎金」項目，按下「確定」鈕。

⑲ 原來中秋獎金全部的人都要繳健保補充保費，還好金額都不高。

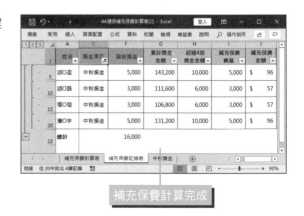

範例檔案：CHAPTER 08\45 勞健保費用公司負擔表

單元 >>>>>>
45 勞健保費用公司負擔表

勞健保費用公司負擔表

員工編號	姓名	健保 公司負擔	健保費用 小計	勞保 公司負擔	勞保職災 公司負擔	退休金 提繳	勞保費用 小計
P001	林○億	1,989	$ 1,989	3,380	48	2,634	$ 6,062
P002	林○新	1,731	$ 1,731	2,941	42	2,292	$ 5,275
P004	林○辰	1,577	$ 1,577	2,680	38	2,088	$ 4,806
P005	顏○陽	1,441	$ 1,441	2,449	35	1,908	$ 4,392
P006	王○晴	1,441	$ 1,441	2,449	35	1,908	$ 4,392
P007	唐○甄	1,577	$ 1,577	2,680	38	2,088	$ 4,806
P008	林○匀	1,441	$ 1,441	2,449	35	1,908	$ 4,392
C001	鄭○婷	1,577	$ 1,577	2,680	38	2,088	$ 4,806
C002	陳○庭	1,305	$ 1,305	2,218	32	1,728	$ 3,978
C004	林○慧	1,196	$ 1,196	2,033	29	1,584	$ 3,646
C005	郭○雅	1,087	$ 1,087	1,848	26	1,440	$ 3,314
C006	葉○宇	1,087	$ 1,087	1,848	26	1,440	$ 3,314
R001	林○潔	1,305	$ 1,305	2,218	32	1,728	$ 3,978
R002	紐○尹	1,142	$ 1,142	1,940	28	1,512	$ 3,480
I001	黃○維	1,250	$ 1,250	2,125	30	1,656	$ 3,811
I002	張○誠	1,441	$ 1,441	2,449	35	1,908	$ 4,392
I003	劉○麟	1,250	$ 1,250	2,125	30	1,656	$ 3,811
總計		$ 23,837	$ 23,837	$ 40,512	$ 577	$ 31,566	$ 72,655

公司要幫政府單位代扣所得稅以及勞、健保費，尤其勞、健保費除了員工要負擔外，公司也要負責相當比例，所以在實質支付的薪資外，公司對員工還有許多潛在的費用需要支付。本範例就針對勞健保費所衍生出公司負擔的部分，加以計算分析。

範例步驟

① 勞工保險費是由普通事故費率和就業保險費率組合而成，一般雇主負擔 70%，員工負擔 20%，另外 10% 則由政府負擔。請開啟範例檔「45 勞健保費用公司負擔表 (1).xlsx」，切換到「勞保級距表」工作表，選取 B2 儲存格，輸入員工負擔金額公式「= ROUND($A2* 普通事故費率 * 員工負擔率 ,0)+ROUND($A2* 就業保險費率 * 員工負擔率 ,0)」。

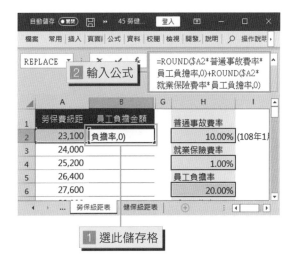

② 選取 C2 儲存格，輸入勞保費雇主負擔金額公式「=ROUND($A2*普通事故費率 * 雇主負擔率 ,0)+ROUND($A2* 就業保險費率 * 雇主負擔率 ,0)」。

③ 除此之外，雇主還要負擔一筆職業災害的保費，費率因各行業而不同，本範例以電信業 0.14% 作為假設費率計算。選取 D2 儲存格，輸入職災保險雇主負擔金額公式「=ROUND($A2* 職災費率 ,0)」。

TIPS 勞保費率最高「計費」級距只到 45,800 元，超過此金額的投保金額，一律以此費率收取勞保費。

④ 最後在 F2 儲存格，輸入退休金雇主強制提撥金額的公式「=$E2* 退休金提撥率」，最後將以上 3 個公式複製到下方儲存格，則完成勞保級距表。

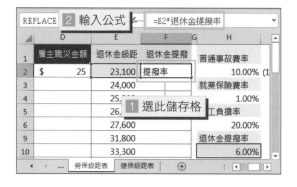

⑤ 由於勞健保費的計算是依照投保
金額為基準，而非實際薪資，因
此要依照底薪去參照每月的月投
保金額。但礙於投保金額不得
低於實際薪資的規定，因此用
MATCH 找到月投保金額中，最接
近底薪的投保金額所代表的儲存
格列號，再使用 INDEX 函數，找
出月投保金額中，最接近列號的
下一列，所代表的金額。

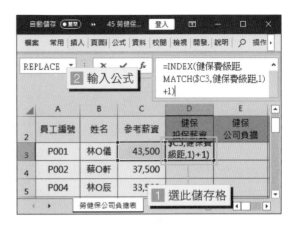

接下來切換到「勞健保公司負擔表」工作表，選取 D3 儲存格，輸入健保投保金額
公式「=INDEX(健保費級距 ,MATCH($C3, 健保費級距 ,1)+1)」。

操作 MEMO　　**INDEX 函數**

說明： 傳回根據欄列號碼所選取之表格或陣列（陣列：用來建立產生多個結果或運算一組以
　　　　列及欄排列之引數的單一公式。陣列範圍共用一個公式；一個陣列常數是用作一個引
　　　　數的一組常數。）中的值。

語法： INDEX(array, row_num, [column_num])

引數： 將資訊提供給動作、事件、方法、屬性、函數或程序的值。

　　　　• Array（必要）。這是儲存格範圍或常數陣列。如果 array 只包含單列或單欄，則相
　　　　　對應的 Row_num 或 Column_num 引數必須二選一。

　　　　• Row_num（必要）。選取陣列中傳回值的列。

　　　　• Column_num（選用）。選取陣列中傳回值的欄。

操作 MEMO　　**MATCH 函數**

說明： 搜尋儲存格範圍（範圍：工作表上的兩個或多個儲存格。範圍中的儲存格可以相鄰或
　　　　不相鄰。）中的指定項目，並傳回該項目於該範圍中的相對位址。

語法： MATCH(lookup_value, lookup_array, [match_type])

引數： 將資訊提供給動作、事件、方法、屬性、函數或程序的值。

　　　　• Lookup_value（必要）。指在 lookup_array 中比對的值。可以是數字、文字、邏輯值
　　　　　或儲存格位址。

　　　　• Lookup_array（必要）。搜尋的儲存格範圍。

　　　　• Match_type（選用）。預設值是 1。

⑥ 分別於 G3 及 J3 儲存格輸入勞保及退休金投保金額公式「=INDEX (勞保費級距 ,MATCH($C3, 勞保費 級 距 ,1)+1)」 及 「=INDEX(退休金級距 ,MATCH($C3, 退休金級距 ,1)+1)」。如果不是特別高或特別低的薪資級距，原則上健保、勞保及勞退，三者的投保薪資應該會相同。

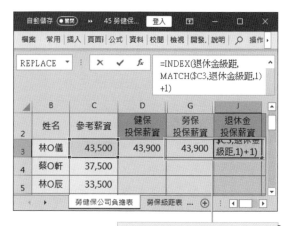

分別選擇儲存格，並輸入公式

⑦ 接著選取 E3 儲存格，輸入健保公司負擔金額公式「=VLOOKUP ($D3, 健保負擔表 ,6,0)」，完成後在 F3 儲存格輸入健保費用小計公式「=E3」。

⑧ 選取 H3 儲存格，輸入勞保公司負擔金額公式「=VLOOKUP($G3, 勞保負擔金額表 ,3,0)」，完成後繼續在 I3 儲存格輸入勞保職災金額 公式「=VLOOKUP($G3, 勞保負擔金額表 ,4,0)」。

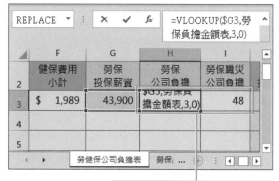

分別選擇儲存格，並輸入公式

⑨ 選取 K3 儲存格，輸入強制提撥退休金公式「=VLOOKUP($J3, 退休金負擔表 ,2,0)」。

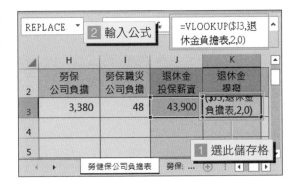

⑩ 選取 L3 儲存格，輸入勞保費用小計公式「=H3+I3+K3」。所有公式都輸入完畢後，選取 D3:L3 儲存格，將公式複製到下方儲存格。

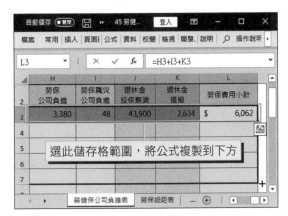

⑪ 最後按住【Ctrl】鍵，分別選取整欄 C、D、G 和 J 共 4 欄，按滑鼠右鍵，執行「隱藏」指令，將勞健保投保薪資隱藏起來即可。

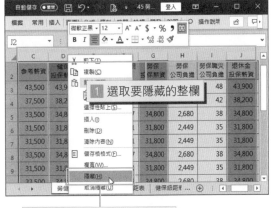

單元 >>>>>>>>
46

⬇ 範例檔案：CHAPTER 08\46 薪資總額計算

薪資總額計算

108年1月員工薪資

序號	員工編號	姓名	部門	底薪	全勤獎金	績效獎金	扣:請假額	薪資總額	病假天	事假天	遲到 mins	備註
1	P001	林O儒	研發部	46,000	-	2,000	767	$ 47,233		0.5		
2	P002	蘇O軒	研發部	40,000	3,000	1,000	-	$ 44,000				
3	P004	林O辰	研發部	36,000	3,000	1,000	-	$ 40,000				
4	P005	葉O婷	研發部	34,000	-	1,000	1,133	$ 33,867		1.0		
5	P006	王O維	研發部	34,000	-	1,000	567	$ 34,433	1.0			
6	P007	劉O華	研發部	36,000	3,000	1,000	-	$ 40,000				
7	P008	林O句	研發部	34,000	3,000	1,000	-	$ 38,000				
8	C001	鄭O希	行政部	37,000	-	-	250	$ 36,750			25	
9	C002	宋O庭	行政部	32,000	2,000	-	-	$ 34,000				
10	C004	林O蓁	行政部	29,000	-	-	967	$ 28,033		1.0		
11	C005	郭O懷	行政部	27,000	2,000	-	-	$ 29,000				
12	C006	潘O宇	行政部	27,000	-	-	300	$ 26,700			30	
13	R001	林O緯	財務部	32,000	-	-	267	$ 31,733	0.5			
14	R002	邱O尹	財務部	28,000	2,000	-	-	$ 30,000				
15	I001	張O佑	資訊部	31,000	2,000	-	-	$ 33,000				
16	I002	連O格	資訊部	34,000	2,000	-	-	$ 36,000				
17	I003	劉O旋	資訊部	31,000	2,000	-	-	$ 33,000				
	小計			568,000	24,000	8,000	4,251	$ 595,749				

薪資表中加項獎金並不多，大多都是全勤獎金、業績獎金以及一些補助項目，如伙食費、交通津貼…等。由於全勤獎金與請假以及遲到相關，而且直接影響薪資扣繳的計算，因此請假與遲到的扣款，一併在薪資總額中計算。

範例步驟

① 參照薪資資料之前，記得一定要先將調薪記錄最新的資料排在前面。請開啟範例檔「46 薪資總額計算 (1).xlsx」，切換到「薪資異動記錄表」工作表，切換到「資料」功能索引標籤，執行「排序」指令，開啟「排序」對話方塊，設定排序條件為：依照員工編號由 A 到 Z；調年從最大到最小；調月從最大到最小的排序方式重新排序，按下「確定」鈕。

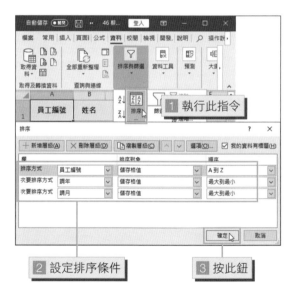

1 執行此指令

2 設定排序條件

3 按此鈕

② 切換回「薪資計算表」工作表，選取 E3 儲存格，輸入公式「= VLOOKUP(B3, 調薪記錄 ,6,0)」。

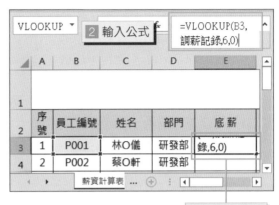

③ 全勤獎金的計算有一點複雜，首先要先判斷每個員工的該月是否可以獲得全勤獎金，如果不可以就顯示 0 值，如果可以則要參照該名員工全勤獎金的金額。假設遲到 10 分鐘內，沒有請事病假，則可以得到全勤獎金。公式可分成 4 個部分：

A. 如果事病假加起來等於 0，就顯示 0 值，否則就顯示 1 值。公式為「IF(O3+P3=0,0,1)」

B. 如果遲到小於或等於 10，就顯示 0 值，否則就顯示 1 值。公式為「IF(Q3<= 10,0,1)」

C. 參照全勤獎金公式為「VLOOKUP(B3, 調薪記錄 ,7,0)」

D. 最後就是判定如果 A+B=0，則顯示全勤獎金；若 A+B ≠ 0，則顯示 0。

選取 F3 儲存格，輸入完整公式「=IF(IF(O3+P3=0,0,1)+IF(Q3<=10,0,1)=0,VLOOKUP (B3, 調薪記錄 ,7,0),0)」

4 假設請事、病假以及遲到，都會被扣款，規定如下：遲到不超過 10 分鐘就不用扣遲到費用，超過 10 分鐘，則每分鐘要扣 10 元；請事假則是以底薪除以 30 天，然後再乘上事假天數；而請病假則是扣半薪。請選取 H3 儲存格，輸入公式「=ROUND(E3/30*(O3/2+P3)+IF(Q3<=10,0,Q3*10),0)」。

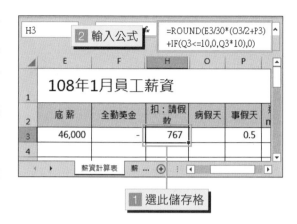

5 績效獎金則沒有一定的公式，就依照實際給付的金額輸入（沒有則省略）。接著計算薪資總額，也就是不含代扣費用，實際作為申報所得稅的金額。選取 I3 儲存格，輸入公式「=E3+F3+G3-H3」。選取 E3:I3 儲存格範圍，將公式複製到下方儲存格。

6 最後在表格下方小計列加上自動加總的公式即可。

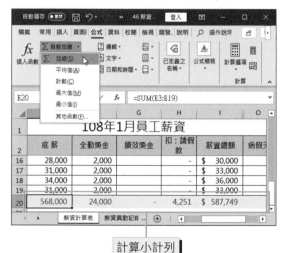

範例檔案：CHAPTER 08\47 減項金額計算

減項金額計算

108年1月員工薪資

序號	員工編號	姓名	部門	代扣所得稅	代扣健保費	代扣勞保費	減項小計	應付薪資
1	P001	林○融	研發部	-	678	1,008	$ 1,686	
2	P002	林○軒	研發部	-	564	882	$ 1,446	
3	P004	林○辰	研發部	-	511	799	$ 1,310	
4	P005	賴○涵	研發部	-	490	766	$ 1,256	
5	P006	王○麒	研發部	-	490	766	$ 1,256	
6	P007	康○軒	研發部	-	511	799	$ 1,310	
7	P008	林○句	研發部	-	490	766	$ 1,256	
8	C001	鄭○柳	行政部	-	537	840	$ 1,377	
9	C002	楊○庭	行政部	-	469	733	$ 1,202	
10	C004	鍾○妮	行政部	-	852	667	$ 1,519	
11	C005	鄭○憶	行政部	-	776	607	$ 1,383	
12	C006	濤○亭	行政部	-	1,164	607	$ 1,771	
13	R001	林○鐵	財務部	-	938	733	$ 1,671	
14	R002	施○尹	財務部	-	810	634	$ 1,444	
15	I001	黃○翎	資訊部	-	1,341	700	$ 2,041	
16	I002	強○珊	資訊部	-	34,800	766	$ 35,566	
17	I003	黃○廷	資訊部	-	31,800	700	$ 32,500	
	小計			-	77,221	12,773	89,994	

薪資表中薪資總額中的加項金額不多，其中還包括請假扣款，但是被公司代扣的項目可真不少，代扣的項目包括勞、健保以及所得稅，有些公司設有福利委員會或工會，還要被代扣福委會的福利金，工會的會費…等，如果再加上自行提撥勞退金，一個月的薪資感覺所剩無幾，真是賺錢辛苦啊！

範例步驟

① 由於薪資減項金額包含代扣勞健保費，因此可將勞健保級距表從「勞健保費用公司負擔表」中複製過來，以便計算。請同時開啟範例檔「47 減項金額計算 (1).xlsx」及「45 勞健保費用公司負擔表 .xlsx」，先切換到「45 勞健保費用公司負擔表 .xlsx」工作視窗，選取「勞保級距表」和「健保級距表」工作表標籤，按滑鼠右鍵，執行「移動或複製」指令。

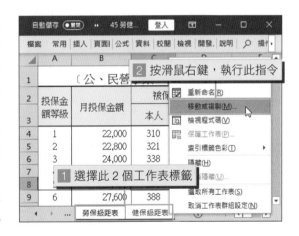

② 開啟「移動或複製」對話方塊，按下活頁簿名稱旁的清單鈕，選擇將工作表複製到「47 減項金額計算 (1).xlsx」活頁簿檔案中。

③ 繼續選擇工作表「薪資所得扣繳表」，並勾選「建立複本」，按下「確定」鈕。

④ 選取的兩個工作表被複製到「減項金額計算表」中。切換到「公式」功能索引標籤，執行「名稱管理員」指令。

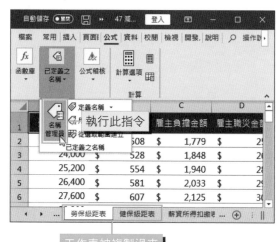

工作表被複製過來

⑤ 開啟「名稱管理員」對話方塊，其中顯示複製工作表的範圍名稱，和本範例預先定義的範圍名稱，公式中若有使用到，可來此參照對應的儲存格範圍。

已定義的範圍名稱

⑥ 切換到「薪資計算表」工作表，先來計算代扣所得稅的金額。依據薪資所得扣繳表，原則上單身者單月薪資未滿 68,500 元，不需要代扣所得稅，而有一位扶養親屬的單月薪資更要達到 75,500，才需代扣所得稅。代扣所得稅公式主要分成兩個 VLOOKUP 函數：

A. 依據員工編號參照調薪記錄中，該員工扶養的人數「VLOOKUP($B3, 調薪記錄, 10,0)」

B. 再依據薪資總額去參照薪資所得扣繳表中，應扣繳的金額「VLOOKUP(I3, 薪資所得扣繳表, 扶養人數 +2)」。

雖然兩個都是 VLOOKUP 函數，但是員工編號要找到完全符合的資料，因此第 4 個引數要設定為 0(FALSE)，薪資總額則可省略。

選取 J3 儲存格，輸入完整公式「=VLOOKUP(I3, 薪資所得扣繳表 ,VLOOKUP($B3, 調薪記錄 ,10,0)+2)」。

⑦ 接著計算代扣健保費的金額。公式為「INDEX(月投保金額 ,MATCH($E3, 月投保金額 ,1)+1)」。

接著依照員工編號參照調薪記錄中，健保眷保的人數。公式為「VLOOKUP($B3, 調薪記錄 ,10,0)」。

最後依照每月的投保薪資，參照健保負擔金額表中，應負擔的健保金額。

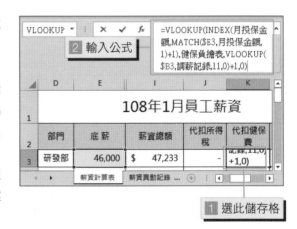

選取 K3 儲存格，輸入完整公式「=VLOOKUP(INDEX(月投保金額 ,MATCH($E3, 月投保金額 ,1)+1), 健保負擔表 ,VLOOKUP($B3, 調薪記錄 ,11,0)+1,0)」。

⑧ 代扣勞保費公式與代扣健保費相似，但是勞保沒有扶養親屬或眷屬人數的問題，單純很多。請選取 L3 儲存格，並輸入公式「= VLOOKUP(INDEX(勞保費級距, MATCH($E3, 勞保費級距, 1)+1), 勞保負擔金額表, 2,0)」。

⑨ 接著計算減項金額小計，選取 M3 儲存格，切換到「公式」功能索引標籤，執行「自動加總」指令，加總範圍選取「J3:L3」儲存格。

⑩ 最後將 J3:M3 儲存格範圍公式，複製到下方儲存格。並於最下方列插入各項目小計公式。

單元 >>>>>>>

48

⬇ 範例檔案：CHAPTER 08\48 應付薪資明細表

應付薪資明細表

108年1月員工薪資

序號	員工編號	姓名	部門	底薪	全勤獎金	績效獎金	扣：請假扣款	薪資總額	代扣所得稅	代扣健保費	代扣勞保費	減項小計	應付薪資	病假天	事假天	遲到mins	備註
1	P001	林O德	研發部	46,000	-	3,000	767	$ 48,233	-	678	1,008	1,686	$ 46,547		0.5		
2	P002	蔡O軒	研發部	40,000	3,000	3,000	-	$ 46,000	-	564	882	1,446	$ 44,554				
3	P004	林O根	研發部	36,000	3,000	1,000	-	$ 40,000	-	511	799	1,310	$ 38,690				
4	P005	鍾O倫	研發部	34,000	-	1,000	1,133	$ 33,867	-	490	766	1,256	$ 32,611		1.0		
5	P006	王O晴	研發部	34,000	-	600	567	$ 34,033	-	490	766	1,256	$ 32,777	1.0			
6	P007	廖O甄	研發部	36,000	3,000	600	-	$ 39,600	-	511	799	1,310	$ 38,290				
7	P008	林O伃	研發部	34,000	3,000	600	-	$ 37,600	-	490	766	1,256	$ 36,344				
8	C001	鄭O琳	行政部	37,000	-	-	250	$ 36,750	-	537	840	1,377	$ 35,373			25	
9	C002	陳O庭	行政部	32,000	2,000	-	-	$ 34,000	-	469	733	1,202	$ 32,798				
10	C004	林O黛	行政部	29,000	-	-	967	$ 28,033	-	852	667	1,519	$ 26,514		1.0		
11	C005	郭O維	行政部	27,000	2,000	-	-	$ 29,000	-	776	607	1,383	$ 27,617				
12	C006	潘O宇	行政部	27,000	-	-	300	$ 26,700	-	1,164	607	1,771	$ 24,929			30	
13	R001	林O國	財務部	32,000	-	-	267	$ 31,733	-	938	733	1,671	$ 30,062	0.5			
14	R002	翁O尹	財務部	28,000	2,000	-	-	$ 30,000	-	810	634	1,444	$ 28,556				
15	I001	黃O旺	資訊部	31,000	2,000	-	-	$ 33,000	-	1,341	700	2,041	$ 30,959				
16	I002	張O佑	資訊部	34,000	2,000	-	-	$ 36,000	-	490	766	1,256	$ 34,744				
17	I003	劉O延	資訊部	31,000	2,000	500	-	$ 33,500	-	447	700	1,147	$ 32,353				
		小計		568,000	24,000	10,300	4,251	$ 598,049	-	11,558	12,773	24,331	$573,718				

應付薪資就是將薪資總額，扣除掉代扣項目的金額，所應該支付給員工的實際薪資。
應付薪資表編列完成，還必須提請相關主管核准，主管可以針對員工的表現，在績效
獎金的部分給予適當的獎勵。

範例步驟

① 請開啟範例檔「48 應付薪資明細
表 (1).xlsx」，選取 N3 儲存格，輸
入公式「=I3-M3」計算出應付薪
資。

② 薪資明細表編列完成，可以利用「共用」活頁簿開放給主管查看。開始使用共用活頁簿之前，必須先將工作表做好保護措施，避免使用者一時不慎將公式刪除，造成不必要的困擾。切換到「校閱」功能索引標籤，在「保護」功能區中，執行「允許編輯範圍」指令。

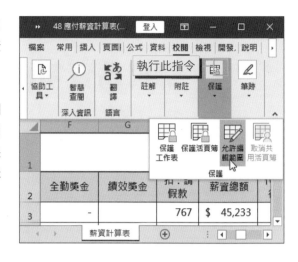

③ 開啟「允許使用者編輯範圍」對話方塊，按「新範圍」鈕新增可編輯的範圍。

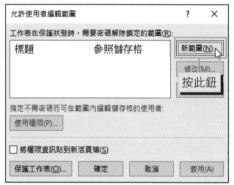

④ 標題中輸入「績效獎金」，參照儲存格範圍中選取「G3:G19」範圍，輸入範圍密碼「0000」，按下「確定」鈕。（密碼可自行設定）

⑤ 凡是設定密碼後，系統都會要求再輸入一次密碼，作為確認。再次輸入密碼「0000」，按「確定」鈕。（以下步驟若有確認密碼，則省略不重複介紹。）

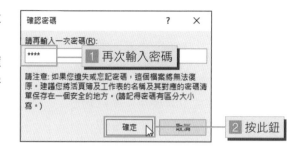

⑥ 依相同方法設定備註欄為可編輯範圍。設定完成後，按下「保護工作表」鈕。

⑦ 開啟「保護工作表」對話方塊，輸入密碼「0000」，按下「確定」鈕。

⑧ 當選擇要編輯績效獎金時，則會
出現「解除鎖定範圍」的輸入密
碼提示方塊，先按下「取消」
鈕。接著開始準備將活頁簿檔案
上傳雲端供主管使用，執行功能
標籤列上的 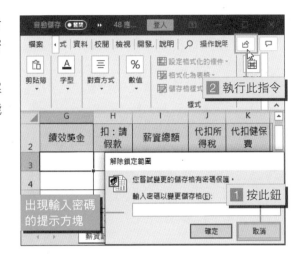「共用」指令。

⑨ 開啟「共用」對話方塊，請按
「登入」鈕，登入 Microsoft 帳
號。（無帳號者可先註冊新帳號，
即可獲得 OneDrive 免費儲存空
間）

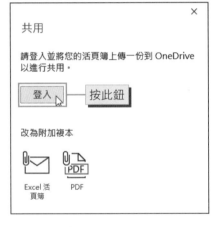

⑩ 登入後按下「OneDrive- 個人」
文字鈕，將檔案儲存在個人的雲
端空間。

⑪ 儲存完畢回到工作表，則會自動開啟「共用」工作窗格，按下 🖾「連絡人」鈕。

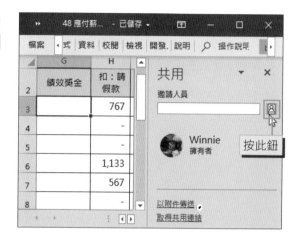

⑫ 開啟「通訊錄」對話方塊，選擇長官的 Email 帳號，按下「收件人」鈕後，確認收件人帳號資訊，再按下「確認」鈕。

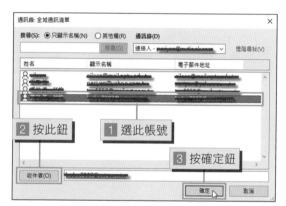

⑬ 在「共用」工作窗格中輸入要與長官溝通的文字後，按下「共用」鈕。(別忘了要告訴主管編輯檔案的密碼喔！)

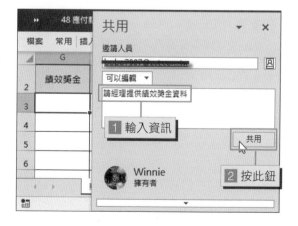

⑭ 此時「共用」工作窗格會顯示共用人員的資訊，檔案一經修改都會自動儲存並更新到雲端。

⑮ 當主管收到 Email 通知會在 Excel Online 中開啟檔案，選取 G3 儲存格要編輯時，因為工作表受到保護無法從 Excel Online 中編輯，必須執行「在 Excel 中開啟」指令。

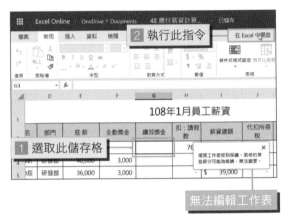

⑯ 重新在 Excel 中開啟檔案，選取 G3 儲存格要編輯時，會被要求輸入編輯密碼 (0000)，按「確定」鈕。

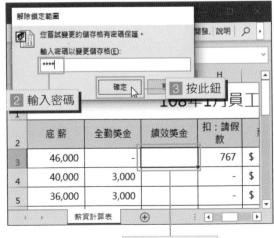

⑰ 當主管輸入績效獎金資料後，只
要按下快速存取工具列上的 🔁
「儲存」鈕，就可以儲存檔案並
自動更新到雲端。

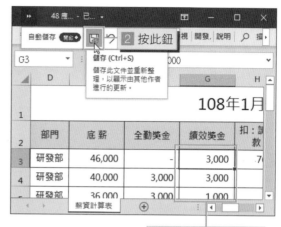

⑱ 行政人員再次開啟雲端檔案時，
首先將主管從共用人員名單中刪
除。先選取要刪除的人員，按滑
鼠右鍵開啟快顯功能表，執行
「移除使用者」指令。最後再將
完整的薪資計算表列印出來。至
於要不要繼續儲存在雲端或是另
存新檔到電腦主機就看公司的標
準程序囉！

單元 >>>>>>> ⬇ 範例檔案：CHAPTER 08\49 銀行轉帳明細表

49 銀行轉帳明細表

銀 行 轉 帳 明 細 表

薪資月份：108年 1月		轉帳日期：民國108年2月10日		
序號	員工編號	姓名	應付薪資	銀行帳號
1	P001	林○儀	$ 46,547	001-001-000021-0
2	P002	蔡○軒	$ 44,554	001-001-000023-2
3	P004	林○恩	$ 38,690	001-001-000028-2
4	P005	鍾○綺	$ 32,611	001-001-000030-7
5	P006	王○穎	$ 32,777	001-001-000033-2
6	P007	唐○甄	$ 38,290	001-001-000035-7
7	P008	林○句	$ 36,344	001-001-000038-2
8	C001	鄭○婷	$ 35,373	001-001-000001-2
9	C002	南○庭	$ 32,798	001-001-000003-4
10	C004	林○麗	$ 26,514	001-001-000007-8
11	C005	郭○愷	$ 27,617	001-001-000010-0
12	C006	等○辛	$ 24,929	001-001-000012-2
13	R001	林○雅	$ 30,062	001-001-000040-7
14	R002	施○尹	$ 28,556	001-001-000043-2
15	I001	萬○榕	$ 30,959	001-001-000014-4
16	I002	張○怡	$ 34,744	001-001-000016-6
17	I003	劉○語	$ 32,353	001-001-000018-8
18				
19				
20				
21				
22				
23				
24				
25				
	總計		$ 573,718	

公司用印：　　　　　銀行收執用印：

密件　　　　　　　2019/4/30　　　　　第1頁，共1頁

薪資計算完成之後，就要準備發薪水囉！現在絕大部分的公司都採取薪資轉帳，有些銀行會有專屬的轉帳系統，會計人員只要登打後，就可以列印轉帳明細表，連同媒體檔一併交由銀行人員處理。部分銀行可以接受自行製作的轉帳明細表，不管哪一種，都需要列印 2 份，一份交由銀行進行轉帳，一份則由銀行蓋收執章後，由公司保存，若有帳務問題，才有核對的依據。

範例步驟

① 要辦理薪資轉帳時，明細表中的數字都已經確認，為避免薪資金額因不確定因素，造成公式參照錯誤而變動，因此利用剪貼簿功能，將公式變成數值。請開啟範例檔「49 銀行轉帳明細表 (1).xlsx」，切換到「薪資計算表」工作表。選取 B3:C19 儲存格範圍，切換到「常用」功能索引標籤，在「剪貼簿」功能區中，按下「複製」清單鈕，執行「複製」指令。

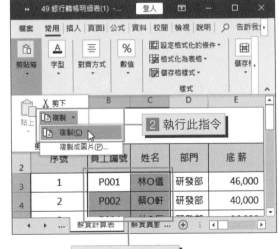

② 切換回「銀行轉帳明細表」工作
　　表，選取 C4 儲存格，執行「貼
　　上」指令。

③ 因為目的工作表中的「員工編
　　號」欄位是由 2 欄合併而成，因
　　此來源複製的 2 欄，就會被貼在
　　「員工編號」。選取 C4:C20 儲存
　　格範圍，直接拖曳選取的儲存格
　　到 D4:D20 儲存格。

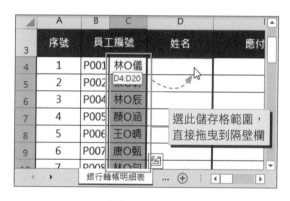

④ 接著選取 B4:C20 儲存格範圍，
　　在「對齊方式」功能區中，按下
　　「跨欄置中」清單鈕，執行「合
　　併同列儲存格」指令。

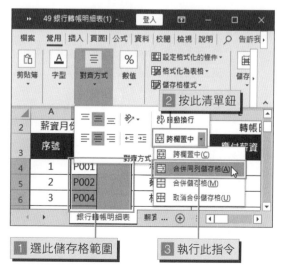

⑤ 然後在「字型」功能區中,按下
「框線」清單鈕,執行 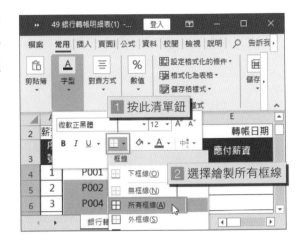 ▼「所
有框線」指令,將合併後的框線
補齊。

⑥ 接著要將應付薪資金額複製過
來,切換到「薪資計算表」工作
表,選取 N3:N19 儲存格範圍,
再次執行「複製」指令。

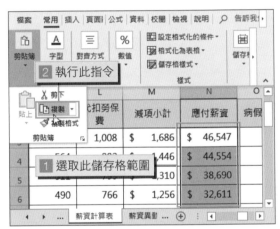

⑦ 切換回「薪資轉帳明細表」工作
表,選取 E4 儲存格,按下「貼
上」清單鈕,執行 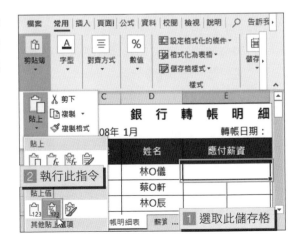「貼上值與
數字格式」指令。

⑧ 有了名字以及薪資，接下來只要有帳號就可以轉帳。大部份的銀行帳號都是「0」開頭，因此要針對銀行帳號設計專屬的儲存格格式，以免 Excel 自動將 0 值取消。請選取 F3 儲存格，先輸入公式「=VLOOKUP(B4, 調薪記錄,12,0)」，依照員工編號參照薪資異動記錄中的銀行帳號。完成後按滑鼠右鍵開啟快顯功能表，執行「儲存格格式」指令。(當然也可以設定成文字格式)

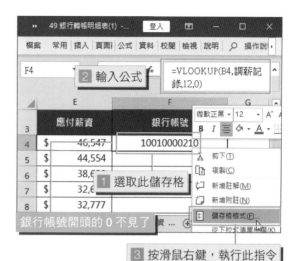

⑨ 開啟「設定儲存格格式」對話方塊，選擇「自訂」類別，在「類型」處將預設格式刪除，重新輸入自訂數值格式為「000-000-######-#」共 13 碼的銀行帳號格式，設定完成後，按「確定」鈕。

⑩ 接著依照薪資月份，自動顯示轉帳日期，假設發薪日為 10 號。選取 F2 儲存格，切換到「公式」功能索引標籤，在「函數庫」功能區中，按下「日期和時間」清單鈕，執行「DATE」函數。

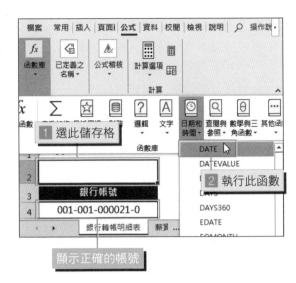

⑪ 開啟 DATE 函數引數對話方塊，分別在 Year 引數輸入「C2+1911」，換成西元年；Month 引數輸入「D2+1」，為所得薪資的次月；Day 引數直接輸入「10」，也就是 10 號，輸入完成按下「確定」鈕。完整公式為「=DATE(C2+1911,D2+1,10)」。

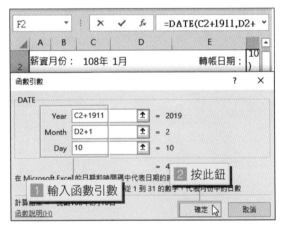

⑫ 轉帳明細表內容已經完成。切換到「頁面配置」功能索引標籤，按下「版面設定」功能區右下方的 ⬓ 展開鈕，進行列印時的版面設定。

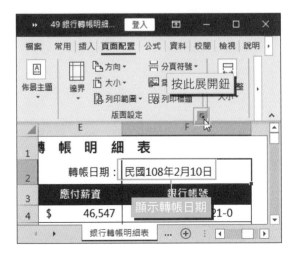

⑬ 開啟「版面設定」對話方塊，先切換到「邊界」索引標籤，勾選「水平置中」置中方式，邊界則採用標準樣式。

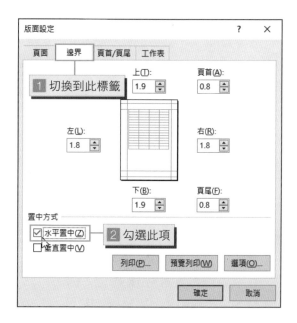

⑭ 切換到「頁首／頁尾」索引標籤，先在頁尾中選擇「密件，2019/4/30, 第 1 頁」樣式，為求慎重起見，再按下「自訂頁尾」鈕，增加顯示總頁數。

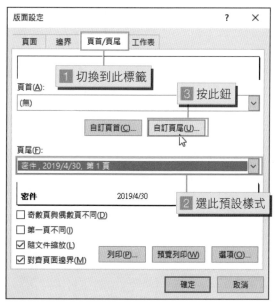

⑮ 另外開啟「頁尾」對話方塊，在「第 &[頁碼] 頁」後方，再加上「，共 &[總頁數] 頁」字樣，其中 [總頁數] 只要按上方 功能鈕加入即可，輸入完成後，按「確定」鈕。

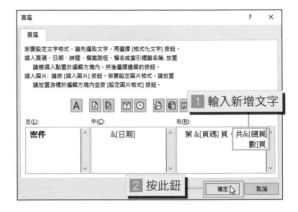

⑯ 最後切換到「工作表」索引標籤，設定跨頁標題列 $1:$3（本範例為跨頁可省略），勾選「儲存格單色列印」列印選項，按下「列印」鈕。

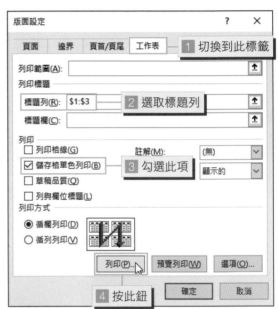

⑰ 最後執行列印時，不要忘記調整列印份數為 2 份，按下「列印」鈕即可。

⬇ 範例檔案：CHAPTER 08\50 個人薪資明細表

單元 >>>>>>>
50 個人薪資明細表

薪資轉帳明細表完成後，還要製作個人的薪資明細表，方便員工核對薪資計算是否無誤。個人薪資明細表製作非常簡單，只要幾個常用的功能就可以輕易完成。

範例步驟

1. 請開啟範例檔「50 個人薪資明細表 (1).xlsx」，切換到「薪資計算表」工作表，先定義所需要的範圍名稱。選取 B3:R19 儲存格範圍，切換到「公式」功能索引標籤，按下「定義名稱」清單鈕，執行「定義名稱」指令。

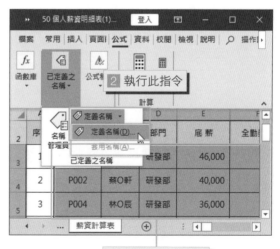

② 開啟「新名稱」對話方塊，輸入
名稱「薪資計算表」，按「確定」
鈕。

③ 選取 B2:B19 儲存格範圍，執行
「從選取範圍建立」指令。

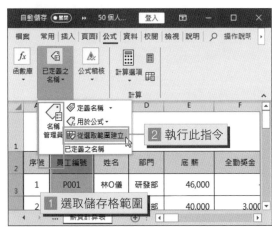

④ 開啟「以選取範圍建立名稱」對
話方塊，勾選「頂端列」項目，
按「確定」鈕。

⑤ 切換到「個人薪資轉帳明細表」
工作表，接著選取 B3 儲存格，
切換到「資料」功能索引標籤，
按下「資料驗證」清單鈕，執行
「資料驗證」指令。

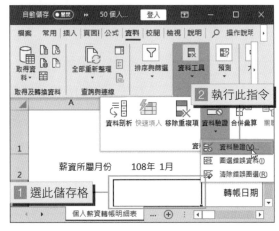

⑥ 開啟「資料驗證」對話方塊，設定驗證準則為「清單」，來源為已定義的名稱「員工編號」，設定完成後按下「確定」鈕。

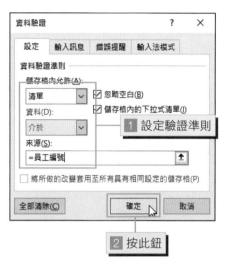

⑦ 接著就利用 VLOOKUP 函數來找出相對應的參照儲存格。先任選一個員工編號，再選取 B4 儲存格，輸入公式「=VLOOKUP($B$3, 薪資計算表 ,2,0)」。

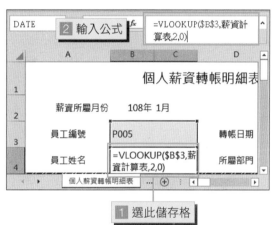

⑧ 當有選擇員工編號時，公式會顯示參照的員工姓名，但是當員工編號上為空白時，就會出現「#N/A」的錯誤值。因此將公式修改為「=IFNA(VLOOKUP($B$3, 薪資計算表 ,2,0),"")」，也就是當公式計算結果為「#N/A」時，就顯示空白；否則就顯示公式參照的結果。

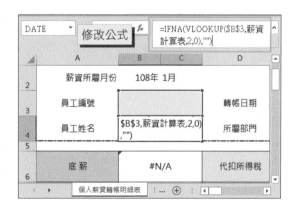

操作 MEMO　**IFNA 函數**

說明：如果公式傳回 #N/A 錯誤值，就傳回指定的值，否則傳回公式的結果。

語法：IFNA(value, value_if_na)

引數：‧Value（必要）。檢查此引數是否有 #N/A 錯誤值。

　　　‧Value_if_na（必要）。若是 #N/A 錯誤值時要傳回的值。

---

⑨ 接著就將 B4 儲存格公式複製到其他標題對應的儲存格中，並依照右圖修改 VLOOKUP 函數第 3 個引數。

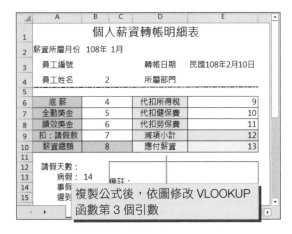

複製公式後，依圖修改 VLOOKUP 函數第 3 個引數

⑩ 只有「備註」欄位要特別注意，當已經選擇員工編號，但參照資料來源為空白儲存格時，VLOOKUP 函數會顯示「0」值，而非「#N/A」錯誤值，就像事、病假欄位一樣，但是出現在這個欄位並不美觀，因此要加上 IF 函數，讓「0」值變成空白儲存格。選取 D12 儲存格，輸入修改後公式「=IF(IFNA(VLOOKUP($B$3, 薪資計算表,17,0),"")="","",VLOOKUP($B$3, 薪資計算表,17,0))」。

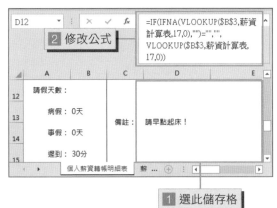

A

探索 Office 365 的翻譯能力

Office 365 的翻譯功能主要是透過 Microsoft Translator 來進行。這項功能目前適用於 Word、Excel、OneNote、Outlook 和 PowerPoint。使用此功能，您可以將全部或部分文件翻譯成另一種語言。

TIPS ≫ **深入了解 Microsoft Translator 的功能與特性**

Microsoft Translator 稱為「微軟翻譯」，是一款功能強大的翻譯工具，提供多種語言和多種形式的翻譯服務，支援多達 60 種語言，無論是文字、語音、對話，還是照片或截圖，均能輕鬆應對。同時提供離線翻譯功能，只需提前下載語言文庫，即可在無網路連接的情況下使用，隨時隨地滿足翻譯需求。透過相機拍攝想要翻譯的畫面，可立即獲得準確的翻譯結果，達到即時照片翻譯。此外，即時多國語言翻譯功能亦讓對話變得簡單，無論是經由拍照還是語音，都能提供快速而準確的翻譯。

微軟翻譯還能延伸至 Safari 和其他第三方應用，做到網頁內容的即時翻譯，大大提升瀏覽體驗。使用 Reddit 或其他聊天程式時，微軟翻譯同樣能即時翻譯，方便與不同語言使用者的溝通。而對於收到的英文郵件內容，利用內建的翻譯功能將幫助您快速理解和回應，提高工作效率，是日常生活和工作中不可或缺的語言助手。

A-1　Office 365 的翻譯功能之操作步驟簡介

Office 365 的翻譯功能操作方式如下：（底下操作步驟以 Word 365 為例）

範例步驟

1. 開啟 Word、Excel 或 PowerPoint 文件。

2. 選擇您想要翻譯的文字或者選擇整個文件。此處先以「翻譯文件」這項功能進行示範：

TIPS ▶ **認識「選取範圍」及「翻譯文件」的功能上的差異性**

以下是 Office 365 翻譯功能中的「翻譯選取範圍」和「翻譯文件」的主要差異：

- **翻譯選取範圍**：讓您可以選擇文件中的特定部分進行翻譯。您只需要選取想要翻譯的文字，然後選擇「翻譯」功能。翻譯後的結果會在右側顯示原文及翻譯後的內容。此外，還可以將翻譯內容插入到文件中。

- **翻譯文件**：讓您可以將整個文件翻譯成另一種語言。當選擇「翻譯文件」時，系統會直接另開新的 Word 檔來顯示翻譯後的內容。這對於需要將整份文件翻譯成另一種語言的情況非常有用。

總的來說，此兩種功能都非常實用，但適用的情境不同。如果您只需要翻譯文件中的某一部分，那麼「翻譯選取範圍」會是一個好選擇。如果您需要將整份文件翻譯成另一種語言，那麼「翻譯文件」則更為適合。

---

③ 點選「校閱」標籤，然後選擇「翻譯」。

④ 馬上在文件中顯示翻譯的結果，如下圖所示：

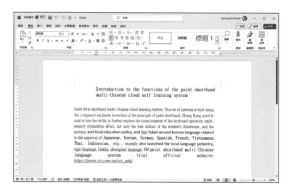

接下來的例子,我們以「翻譯選取範圍」這項功能進行示範,操作如下:

① 開啟文件,選取要翻譯的範圍,
如下圖所示:

② 點選「校閱」標籤,在「翻譯」
的下拉選單中,選擇「翻譯選取
範圍」,接著會出現如下圖右側視
窗的翻譯結果:

③ 點選上圖中「插入」鈕,就會將
指定範圍的翻譯結果插入到文件
之中。

接下來我們將在 Word、Excel 和 PowerPoint 中分別示範實際應用例子:

A-2　在 Word 365 中的實際應用例子

假設您正在閱讀一份英文報告，但您的母語是中文。您可以使用 Office 365 的翻譯功能，將報告從英文翻譯成中文，以便您更好地理解內容。以下是利用 Office 365 的翻譯功能將一份英文文件翻譯成一份中文文件的操作步驟：

① 首先，執行 Word 應用程式，並開啟欲翻譯的英文文件。

② 接著，點選頂部功能列的「校閱」標籤。在「校閱」標籤下，找到並點選「翻譯」選項。在「翻譯」的下拉選單中，選擇「翻譯文件」。

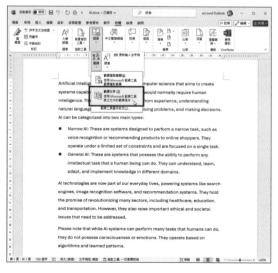

③ 一個新的視窗會彈出，詢問您想要將文件翻譯成哪種語言。在這裡，您可以選擇「中文 (繁體)」或「中文 (簡體)」，視您的需求而定。

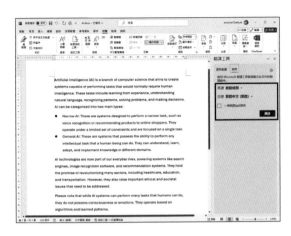

④ 點選「翻譯」按鈕開始翻譯，所需時間取決於文件長度。翻譯完成後，系統會在新的 Word 文件中顯示翻譯後的內容。

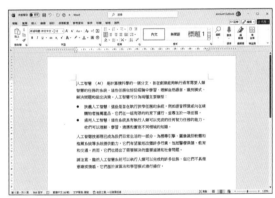

請注意，雖然 Office 365 的翻譯功能非常強大，但它可能無法完美地翻譯所有的內容。在使用翻譯後的文件之前，建議您仔細檢查並校對翻譯的結果。

A-3　在 Excel 365 中的實際應用例子

在 Excel 365 也有提供翻譯功能，它可以協助使用者將工作表的指定範圍從某個語言翻譯成另一個語言。例如，如果您在使用的 Excel 工作表內容，但對於某些內容的英文名稱不熟悉，您可以使用這個翻譯工具將這些指定範圍的工作表內容翻譯成中文。以下是利用 Excel 365 翻譯功能的操作步驟：

1 首先，執行 Excel 應用程式，並開啟欲翻譯的工作表。（範例檔：資料查閱 .xlsx）

2 接著，選擇要翻譯的儲存格或範圍。

③ 點選上方功能列的「校閱」標籤。在「校閱」標籤下，找到並點選「翻譯」選項。

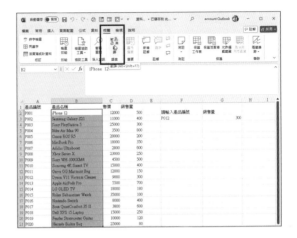

④ 一個新的視窗會彈出，顯示您選擇的內容的翻譯。您可以在這裡選擇目標語言，並看到翻譯的結果。

⑤ 如果您滿意翻譯的結果，即可將翻譯的內容複製貼上至原始的儲存格或範圍中。

請注意，雖然 Excel 的翻譯功能非常強大，但它可能無法完美地翻譯所有的內容。在使用翻譯後的資料之前，建議您仔細檢查並校對翻譯的結果。

A-4　在 PowerPoint 365 中的實際應用例子

假設您正在準備一場以英文進行的簡報，但您的觀眾中有一部分人的母語是中文。在這種情況下，您可以使用 Office 365 的翻譯功能，將您的簡報從英文翻譯成中文，並在簡報期間顯示中文的字幕。以下是利用 PowerPoint 365 翻譯功能的操作步驟：

1　首先，執行 PowerPoint 應用程式，並開啟欲翻譯的簡報。

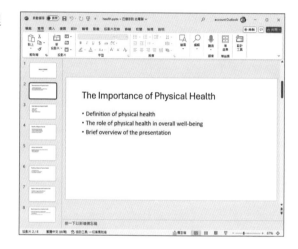

2　接著，選取要翻譯的範圍，點選上方功能列的「校閱」標籤。在「校閱」標籤下，找到並點選「翻譯」選項。

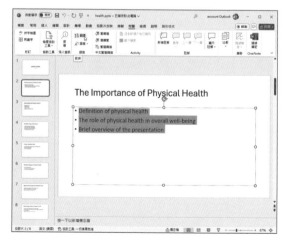

③ 一個新的視窗會彈出，顯示您選擇的內容的翻譯。您可以在這裡選擇目標語言，並看到翻譯的結果。

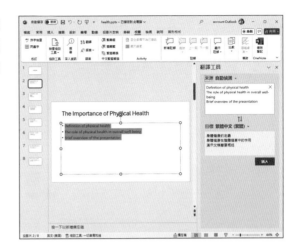

④ 如果您滿意翻譯的結果，即可選擇「插入」按鈕，將翻譯的內容置入到原始的投影片中。

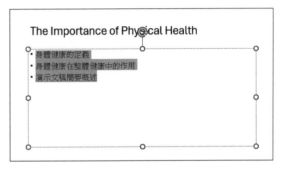

A-4-1　PowerPoint 的「即時字幕」語言翻譯功能

此外，如果您想在簡報期間顯示中文的字幕，您可以使用 PowerPoint 的「即時字幕」功能。以下是操作步驟：

① 在您的簡報中，點選「投影片放映」標籤，並從「輔助字幕與字幕」功能區塊中勾選「一律使用字幕」。

2 選擇您的口語語言（在這種情況下應該是英文 (美國)）和字幕語言（在這種情況下應該是繁體中文）。

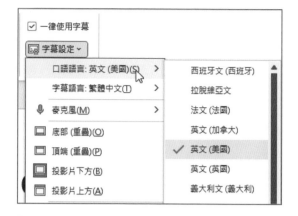

3 接著，可以按下簡報放映的快速鍵 F5，開始您的簡報放映，此時應該能看到您的話語被即時翻譯成中文字幕並顯示在螢幕上。

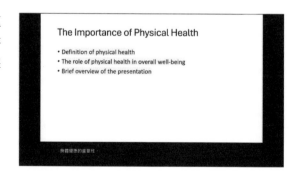

請注意，雖然 PowerPoint 的翻譯功能非常強大，但它可能無法完美地翻譯所有的內容。在使用翻譯後的簡報之前，建議您仔細檢查並校對翻譯的結果。

讀者回函

讀者回函

感謝您購買本公司出版的書，您的意見對我們非常重要！由於您寶貴的建議，我們才得以不斷地推陳出新，繼續出版更實用、精緻的圖書。因此，請填妥下列資料(也可直接貼上名片)，寄回本公司(免貼郵票)，您將不定期收到最新的圖書資料！

購買書號： **書名**：

姓　　名：_____

職　　業：□上班族　□教師　□學生　□工程師　□其它

學　　歷：□研究所　□大學　□專科　□高中職　□其它

年　　齡：□10~20　□20~30　□30~40　□40~50　□50~

單　　位：_____ 部門科系：_____

職　　稱：_____ 聯絡電話：_____

電子郵件：_____

通訊住址：□□□ _____

您從何處購買此書：

□書局 _____ □電腦店 _____ □展覽 _____ □其他 _____

您覺得本書的品質：

內容方面：　□很好　　□好　　□尚可　　□差

排版方面：　□很好　　□好　　□尚可　　□差

印刷方面：　□很好　　□好　　□尚可　　□差

紙張方面：　□很好　　□好　　□尚可　　□差

您最喜歡本書的地方：_____

您最不喜歡本書的地方：_____

假如請您對本書評分，您會給(0~100分)：_____ 分

您最希望我們出版那些電腦書籍：

請將您對本書的意見告訴我們：

您有寫作的點子嗎？□無　□有　專長領域：_____

歡迎您加入博碩文化的行列哦！

✂ 請沿虛線剪下寄回本公司

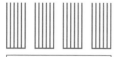

廣　告　回　函
台灣北區郵政管理局登記證
北 台 字 第 4 6 4 7 號
印 刷 品 ‧ 免 貼 郵 票

221

博碩文化股份有限公司　產品部
新北市汐止區新台五路一段112號10樓A棟

如何購買博碩書籍

全 省書局
請至全省各大書局、連鎖書店、電腦書專賣店直接選購。

（書店地圖可至博碩文化網站查詢，若遇書店架上缺書，可向書店申請代訂）

信 用卡及劃撥訂單（優惠折扣85折，未滿1,000元請加運費80元）
請於劃撥單備註欄註明欲購之書名、數量、金額、運費，劃撥至

帳號：17484299　戶名：博碩文化股份有限公司，並將收據及

訂購人連絡方式傳真至(02)26962867。

線 上訂購
請連線至「博碩文化網站 http://www.drmaster.com.tw」，於網站上查詢

優惠折扣訊息並訂購即可。

信用卡 CREDIT CARD
專用訂購單

※優惠折扣請上博碩網站查詢，或電洽 （02）2696-2869#307
※請填妥此訂單傳真至(02)2696-2867或直接利用背面回郵直接投遞。謝謝！

一、訂購資料

	書號	書名	數量	單價	小計
1					
2					
3					
4					
5					
6					
7					
8					
9					
10					
			總計 NT$		

總　計：NT$ ＿＿＿＿＿＿＿＿＿　X 0.85 ＝折扣金額 NT$＿＿＿＿＿＿＿＿

折扣後金額：NT$＿＿＿＿＿＿＿ ＋ 掛號費：NT$＿＿＿＿＿＿＿＿＿＿

＝總支付金額 NT$ ＿＿＿＿＿＿＿＿＿＿　※各項金額若有小數，請四捨五入計算。

「掛號費 80 元，外島縣市100元」

二、基本資料

收 件 人：＿＿＿＿＿＿＿＿＿＿＿＿　生日：＿＿＿ 年 ＿＿＿ 月＿＿日

電　　話：（住家）＿＿＿＿＿＿＿＿＿　（公司）＿＿＿＿＿＿＿＿＿ 分機

收件地址：□□□ ＿＿＿＿＿＿＿＿＿＿＿＿＿＿＿＿＿＿＿＿＿＿＿

發票資料：□ 個人（二聯式）　□ 公司抬頭/統一編號：＿＿＿＿＿＿＿＿＿

信用卡別：□ MASTER CARD　□ VISA CARD　　□ JCB 卡　　□ 聯合信用卡

信用卡號：□□□□□□□□□□□□□□□□

身份證號：□□□□□□□□□□

有效期間：＿＿＿＿＿ 年＿＿＿＿＿月止 （總支付金額）

訂購金額：＿＿＿＿＿＿＿＿＿元整

訂購日期：＿＿＿ 年 ＿＿＿月＿＿日

持卡人簽名：＿＿＿＿＿＿＿＿＿＿＿＿＿＿＿ （與信用卡簽名同字樣）

- - - - - 黏 貼 處 - - - - -

博碩文化網址
http://www.drmaster.com.tw

221

博碩文化股份有限公司　業務部

新北市汐止區新台五路一段 112 號 10 樓 A 棟

如何購買博碩書籍

全 省書局

請至全省各大書局、連鎖書店、電腦書專賣店直接選購。

（書店地圖可至博碩文化網站查詢，若遇書店架上缺書，可向書店申請代訂）

信 用卡及劃撥訂單（優惠折扣 85 折，未滿 1,000 元請加運費 80 元）

請於劃撥單備註欄註明欲購之書名、數量、金額、運費，劃撥至

帳號：17484299　戶名：博碩文化股份有限公司，並將收據及

訂購人連絡方式傳真至 (02) 26962867。

線 上訂購

請連線至「博碩文化網站 http://www.drmaster.com.tw」，於網站上查詢

優惠折扣訊息並訂購即可。